R編成	N700系8000番台（JR九州）
S編成	0系（近畿車輌製） 0系（「こだま」用12両編成） 400系先行試作車 E2系量産先行車 E3系量産先行車 N700系7000番台（JR西日本） E5系量産先行車 E6系量産先行車 925形・921形電気軌道総合試験車 961形試作電車 952形・953形〝STAR21〟高速試験車 E926系電気軌道総合試験車 E954系高速試験車〝Fastech360s〟 E955系高速試験車〝Fastech360z〟
T編成	0系（東急車輌製） 922形電気試験車 922形・921形電気軌道総合試験車 923系電気軌道総合試験車
U編成	800系 E5系
V編成	100系（〝グランドひかりJR西日本〟） 500系（8両編成）

W編成	500系WIN350高速試験車 500系 W7系
X編成	100系（8号車は食堂車） N700系2000番台（N700A JR東海）
Y編成	0系（16両編成 JR東海） N700系（JR東海）
Z編成	E6系

＊D編成、I編成、O編成は存在しない。

新幹線50年

—From A to Z— A編成からZ編成まで

松尾 定行［著］

東京堂出版

はじめに

新幹線の車両の種類がたいへんな数に上っている。

東海道新幹線の開業時から数えると、一八系列、およそ九五種。

初めは東京駅と新大阪駅の間に敷かれていただけの新幹線が、今や南は鹿児島へ達し、北もまもなく北海道へ渡る。長野駅までだった路線は金沢駅を終点とし北陸新幹線を名のる。そして秋田、山形、新潟でもすでに長きにわたって新幹線はおなじみだ。

新幹線50年の歴史のなかで多種多様の車両が登場してきたことは、必然的な流れであったと考えるべきなのだろう。

それにしても、この複雑多岐にわたる新幹線車両の全貌を、総合的に一覧し、なんとかすっきり気持ちよく頭のなかで整理整頓する機会をもちたいものだ——と願っている人は少なくないものと思われます。

本書は、その願いに応えることを主眼として企画・構成した小事典です。

現役最新型を含む新幹線の歴代全車両を「From A to Z」の視点から取り上げ、解説した、読みやすくてコンパクトな小事典です。同時に、著者の体験・取材に基づく歴史証言などもおりまぜ、壮大な時空の広がりを有する新幹線全史となることを目ざしました。

どこからでも読み始められます。しおりをはさむ必要はありません。

とりわけ「From A to Z」の視点を支柱にしたことは、数ある鉄道書で初めて。本書の最大の特色です。

周知のとおり、鉄道車両の電車については管理・運行の都合上、編成記号によってグループ分けがなされていますが、アルファベットを用いる新幹線車両の編成記号が、「A」で始まり、今日ついに「Z」へ至ったのです。

歴代の営業用車両は一八系列およそ九五種に分かれますが、編成記号は営業用車両だけでなく、試作電車や、高速試験車、量産先行車、電気軌道総合試験車などにも広く与えられています。

だから「From A to Z」の視点でとらえていけば、まさしく新幹線車両の全体を、系統立てて一気に見わたすことになるのです。

幸い今ならまだ、覚えきれない、手に負えないという数ではありません。新幹線車両の全貌を頭に入れるためには、系統立てて一気に学びましょう。一ヵ所にとどまって深みにはまっていくと、全体が見えなくなります。

たとえば「E2系J編成の0番台と同1000番台は、乗務員乗降ドアのとっての位置と形が違う」などということにこだわっていると、きりがありません。

そうはいっても、もちろん、同じ系列の車両でも製造を重ねていくうちに構造、外観などが微妙に変化していくのは世の常です。そこをしっかり観察し、相違点を〝研究〟するのは、たいへんおもしろい。

たとえば、800系の車体側面を走る「帯の形」は三種類に分かれます。U001編成〜U006編成と、U007編成と、U008編成およびU009編成とで異なっています。

本書は、そうした、いわゆるマイナーチェンジによって生じた現象も「病膏盲に入る」に至らない程度に追跡しました。改造されたり延命工事を施されたりして働き続けた新幹線車両も少なくありません。微妙に違う編成と編成の「見分け方」について、第1章の随所に、解説のブロック（Point）を設けています。

章ごとの内容を列記すると以下のようになります。

第1章——新幹線車両一八系列のそれぞれの特色や「specification（スペック）」はもとより、同じ系列であっても一編成の両数、製造初年、構造、車体色などから細かくグループ分けをしたときの種の数、それぞれの特徴、見分け方などを、登場の逆の順序——つまり最新のH5系から0系へ向けてカウントダウンしていく形で取り上げ、解説しました。

第2章——一八系列の営業用車両はもとより、一八系列からはみ出す試作電車、高速試験車、量産先行車、電気軌道総合試験車なども加え、属する編成記号別に、「A」から「Z」まで全車両を順序よく取り上げ、解説しました。すこし横道にそれたり、著者の個人的な感想を添えたりもしています。また、編成記号のアルファベットが意味するところの追究を、著者なりに行ってもいます。たとえば、N700系8000番台の編成記号は、ナゼ「R」となったのか……。

第3章——記録にとどめておきたいことのあれこれです、

巻末には詳細な年表や、車両総括の表などを掲載し、資料性の豊かさでも類書との違いを際立たせています。

なお、文章の横に添えたチラシ類、カード類はすべて著者のコレクションです。

鉄道ファンの方、新幹線が好きという方、毎日の疲れの息抜きに、空いた時間に、どうぞすこしずつお楽しみください。

新幹線50年　―From A to Z―　●目次●

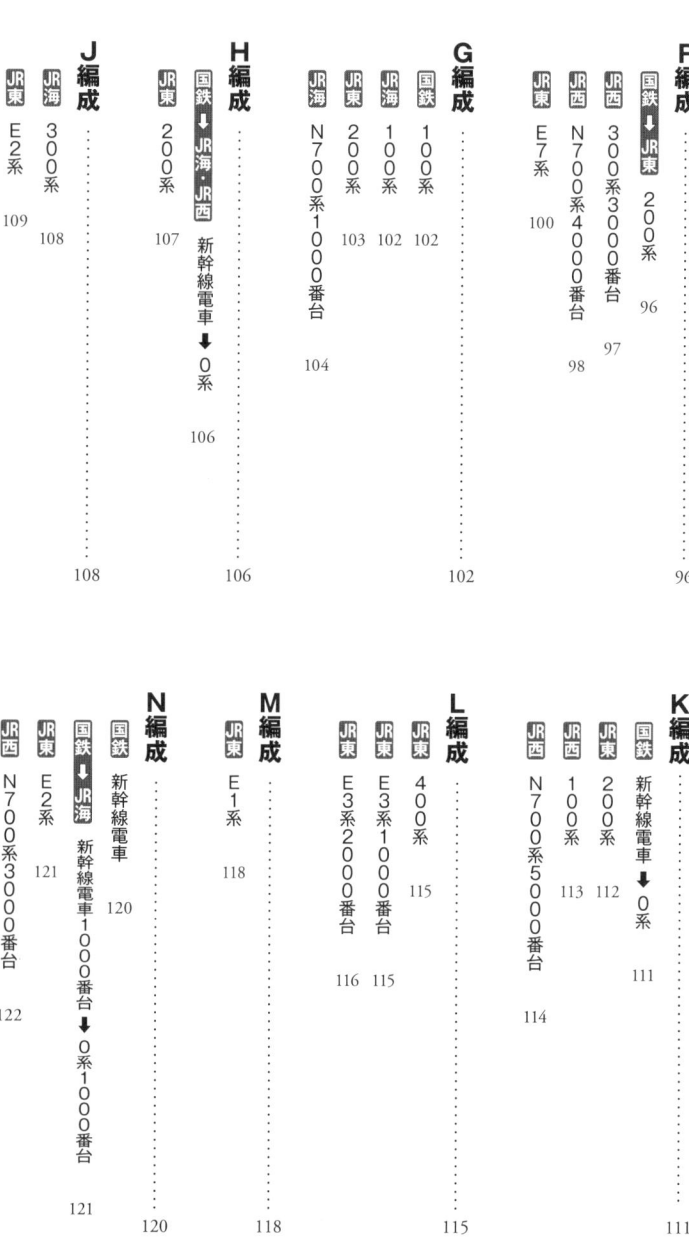

第3章　列車、車両、線路、トンネルなど—171

資料編——197

あとがき　269

おもな参考文献　271

（＊）印の写真　マシマ・レイルウェイ・ピクチャーズ提供

第1章 営業用車両 一八系列 八六種

カウントダウン形式で総覧

パンタグラフにカバーをつけたJR西日本の0系「NH25」編成。1994年（平成6）に撮影(*)。

H５系

３線軌条の青函トンネルを抜けて北海道と東京を結ぶ

①北海道新幹線　東北新幹線
②未定
③２０１６年（平成28）春予定
④―
⑤―
⑥ＪＲ北海道

編成記号は未定　10両　ＪＲ北海道

北海道新幹線の開業が近づいてきた。

「まだまだ先」ではなく、２０１６年（平成28）春にテープカットが行われる。

高らかに警笛を響かせ、大勢の人たちの拍手に送られて北の大地を走り始める電車のアウトラインが、早くも発表されている。

系列名はＨ５系。

歴代の新幹線営業用電車で一八番目の系列である。

Ｈ５系はＪＲ北海道に所属し、10両編成４本（40両）が開業までに用意される。

「Ｈ」が「Hokkaido」を表すことは明らかだ。

Ｈ５系は、ＪＲ東日本のＥ５系に、ほとんどの点でならった車両だという。したがってグランクラスも備える。Ｅ５系が車体側面中央に桃色ラインを引いているのに対して、Ｈ５系はこれを明るい紫色に変えた。

Ｅ５系をベースとした車両であるから、フルアクティブサスペンションを全車に装備し、１・５度傾斜する車体傾斜装置を装備していることはいうまでもない。

８Ｍ２Ｔの10両編成で、定員７３１名。

Ｈ５系は、新函館北斗駅〜東京駅間を４時間10分で走破するという。最高時速は宇都宮駅〜盛岡駅間で３２０キロ、盛岡駅以北が２６０キロ。ただし、海峡線（中小国駅《なかおぐに》〜木古内駅《きこない》間）は１４０キロ。

２０１４年（平成26）秋に第１編成がお目見えし、開業までの間、各種試験や乗務員の習熟運転に供される。編成記号もそのときに明らかになる。

各系列の見出しに記したスペックは、以下の内容を表します。
①おもな走行路線　②おもな使用列車　③営業運転開始　④現役引退　⑤製造総両数　⑥所属（運用主体）

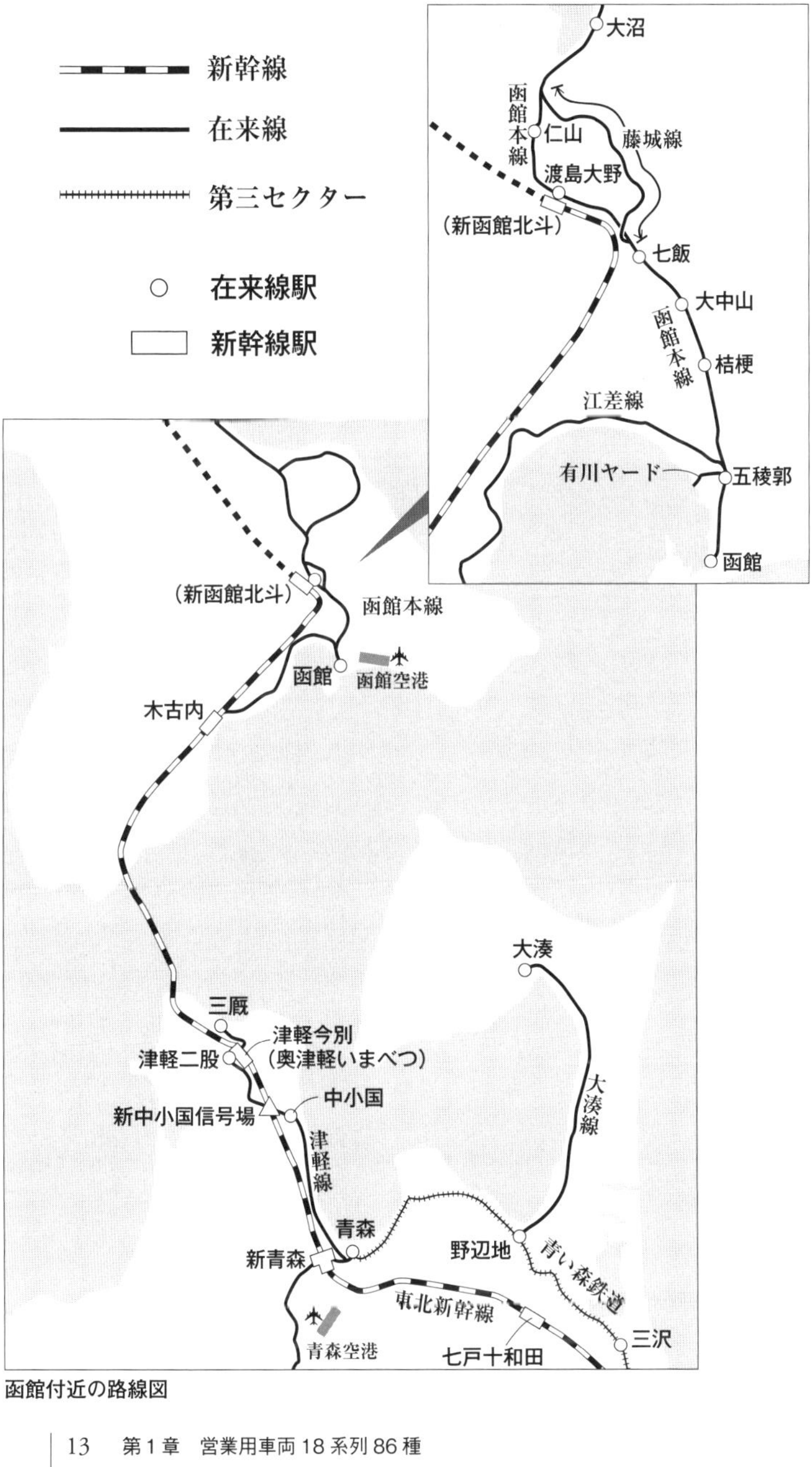
新幹線
在来線
第三セクター
在来線駅
新幹線駅
大沼
函館本線
仁山
藤城線
渡島大野
(新函館北斗)
七飯
大中山
函館本線
桔梗
江差線
有川ヤード
五稜郭
函館
(新函館北斗)
函館本線
函館
函館空港
木古内
三厩
津軽今別
(奥津軽いまべつ)
津軽二股
中小国
新中小国信号場
津軽線
大湊
大湊線
青森
新青森
野辺地
青い森鉄道
東北新幹線
青森空港
七戸十和田
三沢
函館付近の路線図

車両については以上のことが発表された段階なので、以下は、海の物とも山の物ともつかないと思っていた北海道新幹線が現在どの辺りまできているのか――ということを見てみることにしたい。

北海道新幹線とは？

日本列島の全体がひと目で見える地図を使っていえば――本州北端の青森市と北海道南端の函館市付近を結ぶ新幹線が、北海道新幹線の名で、もうすぐ開業する。列車は、津軽海峡の海底に掘り抜かれた青函トンネルを通る。

地図をすこしズームアップしよう。

起点は今の新青森駅。

津軽半島を北上する線路が軌間1435ミリの新幹線フル規格で新しく建設されている。

昭和63年（1988）3月に開業した青函トンネルを抜けると、その先も軌間1435ミリの新線だ。

青函トンネルを含む既存の海峡線（中小国駅～木古内駅間 87・8キロ）を、3線軌条に改造して、新幹線の列車も通れるようにした。

終点は、今の渡島大野《おしまおおの》駅。

函館駅から17・9キロ、五つ目の駅が、渡島大野駅である。ここを北海道新幹線第一期開業区間の終点とする。

地図の縮尺率をさらに変更しよう。函館湾から大沼国定公園くらいまでの範囲を鳥瞰してみよう。――蒸気機関車の時代に成立した数本の線路が、からみあいながら延びている。

函館駅を後にしてひとつ目の駅、五稜郭《ごりょうかく》駅のホームを離れるとすぐ、有川《ありかわ》ヤードへ続くＪＲ貨物の単線が左へ逃げる。続いて江差線（通称〝津軽海峡線〟）が左へ分岐する。

ほどなく左手に函館平野が広がり、函館本線の列車はゆるい勾配を上っていく。

桔梗《ききょう》駅、大中山《おおなかやま》駅、七飯《ななえ》駅と進む辺りは平野のなかの坦々とした行路。

七飯駅を出てすぐ、大沼公園駅方面行き普通列車は、単線の通称〝藤城線《ふじしろ》〟をくぐる。特急「スーパー北斗」「北斗」「北斗星」、急行「はまなす」などが通る下り列車専用線。

〝藤城線〟は、C62形、D52形といった蒸気機関車が牽引する下り列車のスピードアップを図るために敷設された勾配緩和の新線である。標準勾配10・0パーミル。開業は昭和41年（1966）。

その〝藤城線〟を右手へ見送って、正面に、ただならぬ山地がグッと迫ってくると、まもなく渡島大野駅だ。牧歌的な田園にたたずむ小さな駅。草むした空き地も残っている。

「ここは函館ではない」

地元の人はもとより、行政上の区分に厳格でありたいと思う人は、そういいたくなるだろう。

現に、渡島大野駅の所在地は、北海道北斗市《ほくと》。――ということで、駅名は「北斗駅」にしてほしい、譲歩しても「北斗函館駅」もしくは「函館北斗駅」でないと……という声が大きくなった。

しかし、北海道新幹線のとりあえずの終点駅は、この間、「新函館（仮称）」でずっと進められてきた。「今さら……」という声も大きくなるばかり。

結着が注目されたが、現実問題として東京駅のホームに「……バンセンノシンハコダテホクトユキ……イチゴウガ、マモナクハッシャシマス」という放送が流れることになった。

東京駅のホームに立つ人のうちの何割が「ホクト」の駅名を耳で聞いて、大切な行動指針として脳内にインプットできるだろう……。

駅名対決は決して「函館市vs北斗市」ではなく「東京vs北斗市』「日本全国vs北斗市」だったのだと見るのが妥当であろう。

駅名問題とともに、列車愛称をどうするか、ということもむずかしい。伝統の「ほくと」に決めて、北斗市の顔を立てる――というのはどうだろう……。特急「北斗」のデビューは昭和36年（1961）10月だ。

今のディーゼル特急「スーパー北斗」「北斗」（函館

駅〜札幌駅間）は、ほかの適切な愛称に改称する。

新函館北斗駅〜函館駅間を交流電化して〝リレー号〟を運転することは決まっている。

使用車両は７８９系が有力だろう。２００２年（平成14）につくられて特急「スーパー白鳥」で活躍してきたＪＲ北海道の電車。

大沼公園駅、森駅、八雲《やくも》駅、長万部《おしゃまんべ》駅、伊達紋別《だてもんべつ》駅方面との連絡はどうなるのか——。

強力な新型気動車を新製し、キハ82系「北斗」がたどった〝仁山《にやま》越え〟に戻すしかないのでは……。

上り下り列車がスムーズに行き違えるよう、仁山駅（元仁山信号場）を改良し「加速線」も復活させる。

〝藤城線〟は下り貨物列車の専用線とする。

〝仁山越え〟の標準勾配は20・8パーミル。

四国の土讃線を突っ走る特急「南風」のことを思えば、越えられない勾配ではない。坪尻《つぼじり》駅付近や新改《しんがい》駅付近の標準勾配は25・0パーミル。

次に、新函館北斗駅を始終点としてＨ５系が運転を始めるとき、在来線の長距離列車はどうなるのか。

——

夜行「トワイライトエクスプレス」の廃止は発表ずみである。「北斗星」「カシオペア」の廃止も、巷間、確実視されている。

国鉄・ＪＲを通じて最後の急行列車——「はまなす」が残ることもないだろう。すると、誰でもいつでも乗れる日本の夜行列車は「サンライズ出雲」「サンライズ瀬戸」だけとなる。

さて、北海道新幹線の途中に、奥津軽いまべつ駅と木古内駅が設けられることも決まっている。

奥津軽いまべつ駅は、今の津軽今別《つがるいまべつ》駅と津軽二股《つがるふたまた》駅が隣接している地点に併設される。

なお、北海道新幹線の新函館北斗駅以北の区間は、終点の札幌駅を目ざして、２０１２年（平成24）に着工した。途中駅は新八雲駅（仮称）、長万部駅、倶知安《くっちゃん》駅、新小樽駅（仮称）ということも決まっている。

W７系

北陸と首都圏を最短時間で結ぶ高速列車

① 北陸新幹線
② かがやき　はくたか　つるぎ
③ ２０１５年（平成27）春予定
④ —
⑤ —
⑥ ＪＲ西日本

W１編成〜　12両　ＪＲ西日本

北陸新幹線が金沢駅まで、２０１５年（平成27）３月に開業し、東京駅〜金沢駅間に直通列車の運転が始まる。

これまでの長野新幹線という路線名は消え、高崎駅起点、金沢駅終点の路線が北陸新幹線を名のる。列車の多くは東京駅を始終点とする。

列車の愛称は、東京駅と金沢駅を主要駅のみ停車で結ぶ列車が「かがやき」、長野駅より北で各駅に停車する列車が「はくたか」、富山駅より東を走らない列車が「つるぎ」、長野駅より西を走らない列車が「あさま」と決定している。

この北陸新幹線開業に向けて開発された最新型の営業用電車が、ＪＲ西日本のＷ７系とＪＲ東日本のＥ７系である。ＪＲ西日本とＪＲ東日本の共同開発でＷ７系、Ｅ７系は誕生した。

Ｗ７系とＥ７系は、群馬県・長野県の急勾配区間を走り抜けなければならないうえ、架線に流れる交流２万５０００ボルトの商用周波数の違いに何度も対応しなければならない。

金沢駅へ向かう列車の場合、軽井沢駅〜佐久平《さくだいら》駅間で50ヘルツから60ヘルツへ、上越妙高《じょうえつみょうこう》駅〜糸魚川《いといがわ》駅間で50ヘルツへ、糸魚川駅〜黒部宇奈月温泉《くろべうなづきおんせん》駅間で60ヘルツへ、都合三回にわたって、異なる周波数への切換えを車上で行う。

右記のように、北陸新幹線、新規開業区間の最終的な駅名もすでに発表されている。長野駅の先に以下の営

ように続く。
飯山《いいやま》駅……長野県、新設の駅。
上越妙高駅……新潟県、新設の駅。
糸魚川駅……新潟県、在来の駅に併設。
黒部宇奈月温泉駅……富山県、新設の駅。
富山駅……富山県、在来の駅に併設。
新高岡駅……富山県、新設の駅。
金沢駅……石川県、在来の駅に併設。

飯山駅は、在来の飯山線飯山駅から約３００メートル長野駅方の地点に新設された。飯山線の飯山駅も同地点へ移設。

上越妙高駅は、信越本線脇野田《わきのだ》駅のすぐ近くに新設される。在来線にも上越妙高駅が設置された。在来線は、この駅の前後でルート変更を行うとともに、第三セクター鉄道へ経営移管される。

北陸新幹線上越妙高駅の開業で新

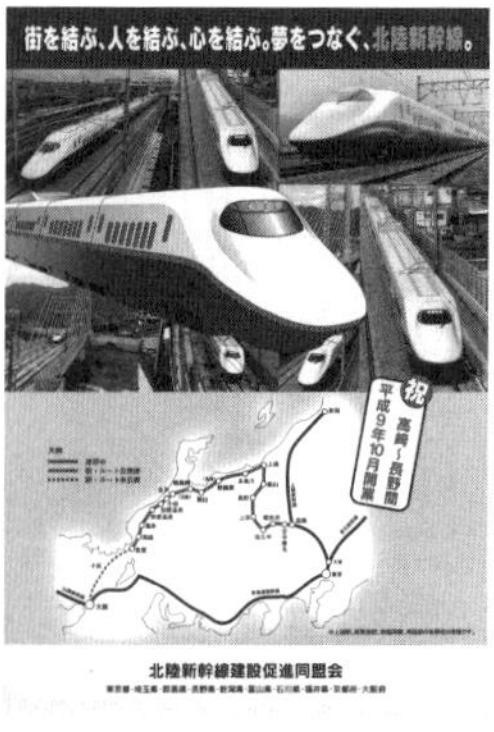

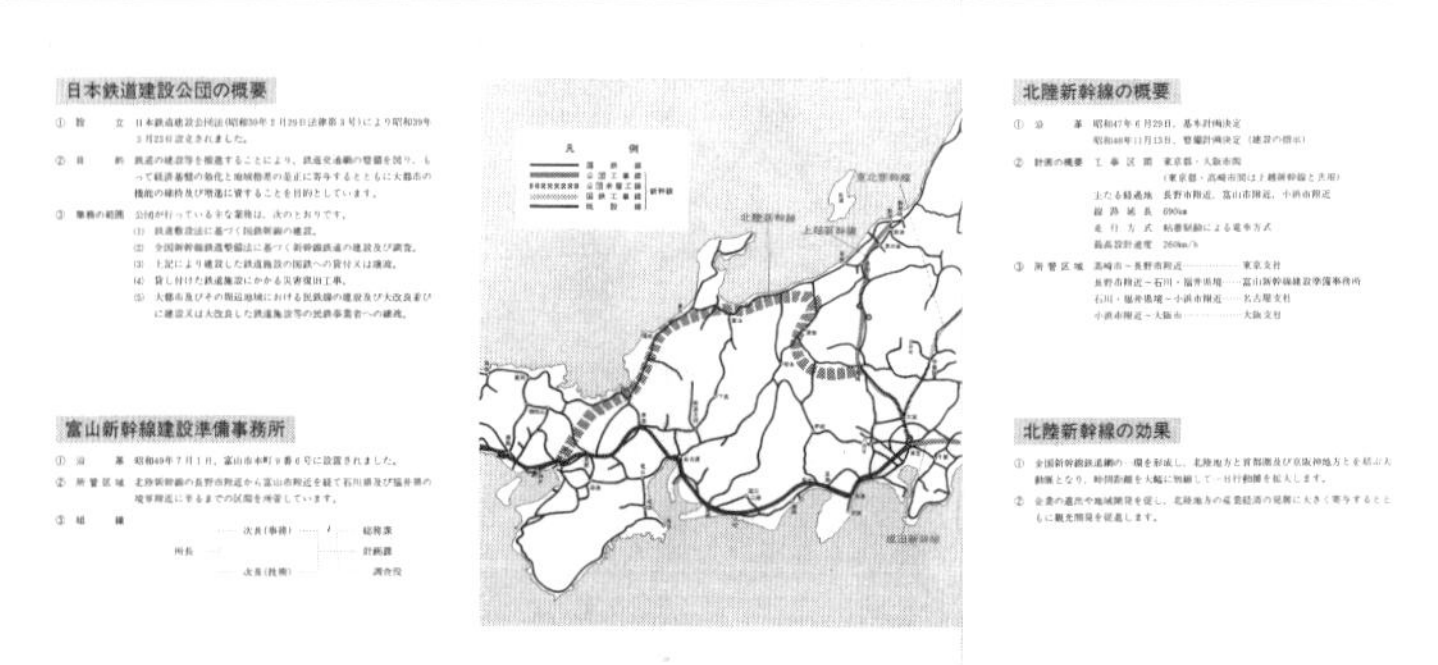

北陸新幹線建設促進同盟会のパンフレット

潟県の上越市高田は、首都圏からたいへん近くなる。雁木を残した町家が並ぶ伝統的な街並みや、サクラの名所・高田城、おなじみの朝市など、見どころの多い町。

今の直江津《なおえつ》駅は通らない。しかし、上越妙高駅から直江津駅まで、そんなに遠くない。佐渡汽船は北陸新幹線の開業をにらんで、直江津〜小木間航路の強化にのりだしている。

黒部宇奈月温泉駅は、富山平野の東端近く、富山地方鉄道との交差地点に出現。駅名でいうと長屋《ながや》駅と舌《した》山《やま》駅の間で北陸新幹線が頭上をまたぐ。富山地方鉄道もここに新駅を設置するが、駅名が黒部宇奈月温泉駅では既存の宇奈月温泉駅とまぎらわしいので、新黒部駅とした。

新黒部駅から宇奈月温泉駅まで約13キロ。

宇奈月温泉や黒部峡谷鉄道が首都圏からぐんと近くなることはまちがいない。２０１５年（平成17）の大型連休、夏休み、紅葉の頃には、さぞかし混雑するだろう。宿泊予約なしの旅や気ままなひとり旅は地元の人たちにあまり歓迎されないだろう。

新高岡駅は、砺波《となみ》平野のまん中、城端《じょうはな》線との交差地点に新設される。駅名でいうと、高岡駅と二塚《ふたつか》駅の間で、今の高岡駅と１・５キロしか離れていない。

とはいえ、特急「サンダーバード」や「はくたか」は、もう高岡駅に発着しないのだ。首都圏はともかくとして、京阪神と高岡市の中心部が遠くなることは、事実だろう。

Ｅ７系より遅れたものの、いよいよＷ７系も姿を現している。Ｗ１編成が、２０１４年（平成26）４月、神戸市の川崎重工業車両カンパニーで落成し、金沢港まで海上輸送の後、白山《はくさん》総合車両所に搬入された。

Ｗ７系は、12両編成10本（１２０両）が開業までに用意される。

E７系

特急「あさま」の新たな飛躍

① 長野新幹線（北陸新幹線）
② あさま
③ ――
④ ――
⑤ ２０１４年（平成26）３月15日
⑥ ＪＲ東日本

Ｆ１編成～　12両　ＪＲ東日本

２０１４年（平成26）３月15日に営業運転を始めた最新型車両である。

正面から見ると、紺色の前かけが御愛嬌？「Ｅ７系」を声に出して呼ぶと「いーな」と聞こえて得をしそうな電車。「７」自体がラッキーナンバーでもある。

Ｅ７系、Ｗ７系はＪＲ東日本とＪＲ西日本が共同で開発した車両であり、構造、性能、外観のいずれにおいても差異はほとんどない。金沢駅まで延びた後は、共通運用になるものと思われる。

性能はＥ２系をベースに、接客設備や構体はＥ５系をベースに設計された。

10Ｍ２Ｔの12両編成で、先頭車の台車に主電動機は装備されていない。東京駅を出ていくとき先頭の12号車は、Ｅ５系にならったグランクラスで、11号車がグリーン車、そのほかが普通車。

Ｅ７系、Ｗ７系の先頭形状は「ワンモーションライン」と呼ばれる。運転室から鼻先までの長さは約５メートルで、Ｅ５系やＥ６系よりは短い。

普通車を含む全席に電源コンセント設置となったこと、すべてのトイレが暖房・温水洗浄機能付き便座となった（男子専用トイレを除く）ことは、画期的だ。どちらも新幹線電車で初。このほか、荷棚の鏡も目新しい。荷棚に沿って天井にはりつけてある。「忘れものはありませんか」と下車客に呼びかける設備。

車体の揺れを防ぐための制御装置も、もちろん装備。

碓氷峠の急勾配をものともせず、電源周波数「50ヘルツ／60ヘルツ」にも対応した車両。東京ー金沢間で３回の周波数切替えが行われる。12号車〝グランクラス〟が初めて東北新幹線以外を走る。

12号車はフルアクティブ方式、そのほかの車両はセミアクティブ方式となっている。

製造は、おなじみの川崎重工業車輛カンパニー、日立製作所、近畿車輛のほか、総合車両製作所に発注されている。

総合車両製作所は聞きなれないメーカー名だが、元東急車輛製造を引き継いだＪＲ東日本の子会社だ。

とりあえず「あさま」７往復で東京駅〜長野駅間を走り始めたが、北陸新幹線が開業すれば、東京駅〜金沢駅間の「かがやき」「はくたか」「つるぎ」にも使われるのであり、そのときまでに17本２０４両が出そろう。

これまで長野新幹線「あさま」で活躍してきたＥ２系Ｎ編成が北陸新幹線を走ることはない。

Ｅ２系Ｎ編成が８両であるのに対し、Ｅ７系は12両なので、Ｅ７系「あさま」はよく空いている。しかし、金沢駅まで開業したとき、どうなるか……。

E6系

速・巧・美にみがきをかけた「こまち」二世

①秋田新幹線　東北新幹線
②スーパーこまち　こまち
③2013年（平成25）3月13日
④―
⑤―
⑥JR東日本

S12編成（→Z1編成）　7両　JR東日本
Z2編成〜　7両　JR東日本

「スーパーこまち」の列車名で2013年（平成25）3月に営業運転を開始した最新型電車である。

正面および屋根に、茜色を大胆にあしらったデザインが鮮烈な印象を多くの人に与えた。

先頭車の形状は「アローライン」と呼ばれ、色こそ違え、E5系とほとんど同じである。ただしライトの位置は両者でまったく異なる。

「アローライン」は、いわゆるトンネル微気圧波対策で生まれた形状である。

「スーパーこまち」は東京駅〜秋田駅間に4往復の運転で、東京駅〜盛岡駅間はE5系「はやぶさ」と併結。最高時速300キロ。

「E6系&E5系」は「スーパーこまち・はやぶさ」のほか、「こまち・はやて」や「やまびこ」としても運転された。最高時速は275キロ。

デビューから1年後の2014年（平成26）3月、E6系による東京駅〜秋田駅間の列車は「スーパーこまち」をやめて「こまち」へ改称するとともに、計画どおり、最高時速を320キロへ引き上げた。

E6系「こまち」は、E5系「はやぶさ」と並ぶ、日本最速の列車となったのである。

この時点で、E6系「こまち」は、すべてE5系「はやぶさ」と併結で16往復の運転。東京駅を6時台から20時台まで毎時1本、秋田駅へ向けて発車していくようになった。ただし、朝の下り1本は仙台駅始発、夜の上り1本は仙台駅行きである。

東京駅～盛岡駅間の途中停車駅は上野駅、大宮駅、仙台駅のみ。一部は上野駅も通過。

上りの最速6号は、秋田駅を6時08分に発車し、秋田新幹線では大曲《おおまがり》駅だけに停車して、東京駅に9時47分に着く。所要時間は3時間39分。また、下りの最速35号の所要時間は3時間37分である。

秋田新幹線が開業した1997年（平成9）3月、東京駅～秋田駅間はE3系「こまち」の最速列車で3時間49分だった。――イメージ一新の効果に比べて、E6系による所要時間の短縮効果は思うほど大きくはない。12分にとどまっている。

長く活躍したE3系「こまち」は、2014年（平成26）早春にすべて消えて、秋田新幹線は、7両編成、茜色のE6系一色となっている。

さて、E6系の構造上の特徴として、以下のようなことがあげられている。

12号車と16号車は付随車で、5M2Tの7両編成

東北新幹線・秋田新幹線ではE6系の並びも見られるようになっている。

（11号車～17号車）。車体と車体の間は、全周幌で覆われている。秋田新幹線の急曲線区間にも対応した構造の幌とのこと。

フルアクティブサスペンションを全車に装備。車体の揺れをセンサーが検知すると、電気式アクチュエータによって揺れを抑える。

空気ばねによる車体傾斜装置を全車に装備。それにものをいわせて、東北新幹線の宇都宮～盛岡間において半径４０００メートル以上の曲線区間であれば、最高時速３２０キロを維持して走る。

11号車（東京駅方先頭車）に分割併合装置を装備。東京駅～盛岡駅間は、Ｅ６系が北側、Ｅ５系が南側という位置で併結運転を行う。

なお、「Ｅ６系&Ｅ５系」の編成は、２０１４年（平成26）３月ダイヤ改正で「なすの」にも使われるようになっている。

また「Ｅ６系&Ｅ５系」の編成で「はやぶさ」や「やまびこ」を名のる列車もある。いずれも東京駅～盛岡駅間の運転で、Ｅ６系が盛岡駅より北の東北新幹線を走ることはない。

２０１４年（平成26）春以降、東北新幹線で見られる車両の顔ぶれは大きく変わった。

大宮駅より北、正確にいえば、東北新幹線と上越新幹線の分岐点より北で、Ｅ３系Ｒ編成やＥ２系Ｊ編成を目にする機会は大幅に減った。早晩、仙台駅以北はＥ６系とＥ５系で統一されるだろう――といえそうな現況である。

Point

「S12」編成とZ編成の見分け方

量産先行車の「S12」編成と量産車のZ編成に、外観上の違いはほとんどない。シンボルマークの有無で見分ける。世界三大美人のひとりとして有名な小野小町《おののこまち》、および時速320キロの風をイメージしたというシンボルマークが、量産車の12号車と16号車、車体側面に輝いている（「Z1」編成を含む）。

E5系

東日本の復興を力強く支援

S11編成（↓U1編成）　10両　JR東日本
U2編成～　10両　JR東日本

E5系「はやぶさ」の登場は、まことにショッキングな出来事だった。

国民に広く、大きな関心を呼んだ。衝撃度は新幹線50年の歴史のなかでも一位か二位というべき強さだった。

想像を絶する地球離れしたフォルム。

国内最速の時速320キロを視野に入れた、時速300キロ運転。

時あたかも、探査機「はやぶさ」が50億キロにおよぶ宇宙の旅を成し遂げ、小惑星の微粒子を地球に持ち帰ってから1年という2011年（平成23）早春。

①東北新幹線
②はやぶさ　はやて　やまびこ
③2011年（平成23）3月5日
④―
⑤―
⑥JR東日本

編成記号「U」に宇宙を想った人は少なくなかったはずだ。

鉄道ファンなら、新幹線「はやぶさ」と探査機「はやぶさ」が無縁ではないことを先刻、ご承知だろう。

いや、知らない――という人のために、ここにまず元国鉄総裁・十河《そごう》信二《しんじ》の名をあげよう。「新幹線の父」と呼ばれ、東京駅18・19番ホームにそのレリーフが飾られ、顕彰されている偉人である。

十河総裁の決断があったからこそ、新幹線の建設は嵐のなかを船出した――といわれる。

世間は「世界の三馬鹿、万里の長城・戦艦大和・新幹線」と揶揄《やゆ》した。

そういえば、余談ながら「3ばか大将」というテレビ番組で、大いに笑わせてもらっていたのが、ちょうどこの頃だ。

次に、十河信二と文字どおり二人三脚で東海道新幹線の実現に貢献した人物として、当時の国鉄技師長・島秀雄の名を忘れることはできない。

島秀雄の父は島安次郎といい、大正期に広軌幹線の建設を主張して破れ、野に下るものの、弾丸列車計画で復帰、車両設計などにあたった人物である。

島秀雄は月刊『鉄道ファン』昭和39年（1964）10月号で、広軌論について次のように述べている。

——狭軌鉄道の限界を考え、これに対して国民経済の偉大な発展を予測しての研究結果であり、……後藤新平伯・仙石貢・古川阪次郎の諸先輩をはじめ筆者の父島安次郎等々はその熱心な主唱者であった。

島秀雄は、父が果たせなかった夢の実現へ向けて、非凡なる才能をいかんなく発揮した。昭和44年（1969）に、機械界のノーベル賞といわれるジェームスワット賞を受賞している。


話が長くなってしまったが、なぜ「はやぶさ」なのか——である。

島秀雄は、のちに宇宙開発事業団の理事長に就任した。東北新幹線の開業で功績のあったJR東日本の元会長、山之内秀一郎も同じ道へ進んでいる。

ちなみに、宇宙開発事業団は今日、宇宙航空研究開発機構（JAXA）に組織替えされ、HⅡロケットの打ち上げに取り組んでいる。

すでに「はやぶさ」のほかに、以下のような、どこかで聞いたことのある名前の衛星や探査機などを宇宙空間へ向けて送り出したという。

「ひので」「ひまわり」「あかつき」「はくちょう」「のぞみ」「あやめ」「ぎんが」「あすか」「みどり」「はるか」「つばさ」

そのようなわけで2011年（平成23）3月5日、東京駅で行われたE5系「はやぶさ」の出発式に探査機「はやぶさ」の関係者も招かれている。

このとき「はやぶさ」は、東京駅〜新青森駅間に1

往復運転。途中、大宮駅、仙台駅、盛岡駅のみに停車して新青森駅まで3時間10分。東京駅～仙台駅間に、大宮駅のみ停車で1往復。上り1時間35分、下り1時間36分。10両編成のE5系単独運転だった。

営業運転開始に際しE5系は3本、用意された。最高時速は大宮駅～宇都宮駅間で275キロ、宇都宮駅～盛岡駅間で300キロ、盛岡駅～新青森駅間で260キロ。

東日本大震災のため、デビューから1週間足らずで運転休止となり、旧に復するまで、半年以上かかった。その後、E5系は急速に数を増やし、東北新幹線の主力車両の座につく。概略を先に記すと以下のとおり。

2011年（平成23）11月

一部の「はやて」「やまびこ」でも使われるようになる。

2012年（平成24）3月

一部の「なすの」でも使われるようになる。

2013年（平成25）3月

E5系単独運転の「はやぶさ」が、国内最速の最高時速320キロ運転を始める。

E6系「スーパーこまち」デビュー。E5系「はやぶさ」と併結運転。最高時速300キロ。

2014年（平成26）3月

「スーパーこまち」が「こまち」に改称。E5系「はやぶさ」とE6系「こまち」の併結運転も最高時速320キロとなる。

次に細かく見ていく。

2011年（平成23）秋、E5系は3本が増備され、「はやて」2往復と「やまびこ」1往復でも運用されるようになった。東京駅～盛岡駅間はE3系「こまち」と併結運転で、最高時速275キロ。11月19日に運転開始。

翌2012年（平成24）3月、増備されて10本となったE5系を使い、以下の列車が運転されるようにな

独特のロングノーズが見る者を圧倒する。いわゆる「トンネルドン」を低減させるための形状だ。

る。

はやぶさ

東京駅〜新青森駅間2往復、東京駅〜仙台駅間1往復。10両編成E5系の単独運転。最高時速300キロ。

はやて

東京駅〜新青森駅間7往復。東京駅〜盛岡駅間はE3系「こまち」と併結運転。

東京駅〜盛岡駅間1往復。E3系を併結。

仙台駅〜新青森駅間1往復。仙台駅〜盛岡駅間はE3系「こまち」と併結運転。

盛岡駅〜新青森駅間1往復。E5系単独運転。グランクラス非営業。

やまびこ

東京駅〜仙台駅間1往復。E3系を併結。

なすの

東京駅〜郡山駅／那須塩原駅間2往復。E3系を併結。

E6系が営業運転に就いた翌2013年（平成25）3月、増備されて23本となったE5系を使って、以下の列車が運転されるようになる。

はやぶさ

東京駅〜新青森駅間に3往復。E5系の単独運転で、所要時間を2時間59分に短縮。最高時速は宇都宮駅〜盛岡駅間で320キロ。

東京駅〜仙台駅間に1往復。E5系の単独運転で、最高時速は宇都宮駅〜仙台駅間で320キロ。

東京駅〜新青森駅間に4往復。盛岡駅でE6系「スーパーこまち」を分割併合。最高時速は宇都宮駅〜盛岡駅間で300キロ。

やまびこ

東京駅〜盛岡駅間に下り2本、上り3本。E5系の単独運転。

東京駅〜仙台駅間に1往復。E6系を併結。

東京駅〜郡山駅／仙台駅／盛岡駅間に下り4本、上り5本。E3系を併結。

なすの
東京駅〜郡山駅／那須塩原駅間に下り5本、上り6本。E3系を併結。
東京駅〜那須塩原駅間に1往復。E5系の単独運転。

はやて
以下のいずれかの編成で運転。——E5系の単独運転／E6系「こまち」と併結運転／E3系を併結／E3系「こまち」と併結運転

この時点でJR東日本は、「E6系は4月以降毎月1〜2編成のペースで落成する予定であり、順次『こまち』等に使用しているE3系を置き換えていく予定です」と発表。

2013年（平成25）9月にも、増備が続くE5系とE6系を使って「はやぶさ」「スーパーこまち」が3往復ずつ増発されている。

そして、2014年（平成26）3月には、秋田新幹線の列車がE6系に統一され、全列車が「こまち」を名のるようになる。E5系「はやぶさ」とE6系「こまち」を併結運転する列車も、宇都宮駅〜盛岡駅間で最高時速を320キロに引き上げた。

一日2往復の運転、3本（30両）しかない特別な車両としてデビューしたE5系は、わずか3年の間に激しく増殖し、2014年（平成26）4月の時点で、計28本（280両）を数えるまでに至っている。

これにともない、車両でE2系、列車で「はやて」が大きく凋落した。また「はやぶさ」を名のっても、上野駅および盛岡駅〜新青森駅間の各駅、または仙台駅〜盛岡駅間の各駅に停車する列車が多くみられるようになっている。

登場時のイメージを『時刻表』のうえで保っている「はやぶさ」は、東京駅〜新青森駅間の下り2本、上

り1本と、同~仙台駅間の1往復である。

さて、E5系の構造、性能、設備などについても、ふれておくことにしよう。

話題のグランクラスでは、アテンダントによって「季節感あふれるお弁当」やドリンクの無料サービスが行われることが特筆される（一部列車を除く）。ブランケット、スリッパ、アイマスクなども用意され、一部は持ち帰ってもよいことになっている。

定員18名。シートの表地は本革製。背もたれやレッグレストなどは電動だ。ワンタッチボタンで動く。東海道新幹線の開業からしばらくの間の客室を彷彿とさせるハイソサエティの空間となっている。

フルアクティブサスペンションを全車に装備。

最大傾斜角度1・5度の車体傾斜装置を装備。半径4000メートル以上のカーブであれば、時速320キロを保って通過する。

分割併合装置は10号車（E514形）だけに装備。

ところで、雑誌に掲載された形式図を見ると、1号車（E523形）の鼻先に連結器が描かれている。

——1号車には、分割併合装置はないものの、緊急時に他車とつなぐための連結器が備わっている。10号車と同様、鼻先を開くことができるようになっていて、そのために鼻先に黒い筋がはいっているものと思われる。

「はやぶさ」10号車グランクラスの乗車口を示すプレート。並ぶだけで誇らしくなる？

E4系

パワフルなダブルデッカー決定版

①東北新幹線　上越新幹線
②Max やまびこ　Max とき　Max なすの
③1997年（平成9）12月20日
④――
⑤208両
⑥JR東日本

P1編成～P22編成	8両（16両）	JR東日本
P51編成・P52編成	8両	JR東日本
P81編成・P82編成	8両	JR東日本
P編成（帯色変更編成）	8両（16両）	JR東日本

オール二階建ての、おなじみの電車。

編成記号は変わらないが、中身で三種に分かれるほか、2014年（平成26）春に帯色変更編成が登場している。また、8両編成で走る姿と、8両編成2本を連結して16両編成で走る姿はおのずと異なる。16両編成で運転するとき、定員は新幹線電車で最多の1634名に上る。

E1系に続いて〝Max〟を名のり、1997年（平成9）12月20日、東北新幹線で営業運転を開始。このときの使用列車は「Maxやまびこ」下り2本と上り1本、および「Maxなすの」朝の上り1本で、いずれも16両編成での運転だった。

車体の大きさを見て、全電動車と勘違いしてしまうが、実際は4M4Tで、主電動機なしの車両が編成の半分を占めている。そのかわり主電動機1個の定格出力が大きいので、ほかの系列と比べて編成出力に遜色はない。最高時速は240キロ、車体はアルミ合金製である。

トンネル微気圧波対策で鼻先が、JR東日本のそれまでの新幹線車両より、かなり長くなった。運転室から先端まで約5・5メートルあり、この長さがE5系やE6系に受け継がれている。

E4系は、栃木県や群馬県、埼玉県から首都圏への通勤通学客輸送を任務のひとつとし〝ジャンプシート〟と名づけた補助シートを、1号車〜3号車の出入り台に備えている。1号車〜3号車の階上は、E1系と同様〝3&3〟の座席配置となっており、とにかくたくさんの人に乗車してもらい、かつ、できるだけ多くの人に腰かけてもらおう——という考え方から生まれた補助シートだ。

そのほか、E4系ならではの装備として、車内販売のワゴンのための昇降装置を各車に、および車椅子で乗車する人のための階上客室への昇降装置を8号車の出入り台に備えている。

分割併合装置は両端の先頭車に装備しており、8両2本連結のほか、400系やE3系L編成と併結運転を行った期間が長かった。

E4系「Maxやまびこ」と400系「つばさ」の東京駅〜福島駅間における併結運転は、1999年(平成11)4月に始まっている。

イオカードに登場したE4系。イオカードは1991年(平成3)1月〜2005年(平成17)3月末にJR東日本が販売。

同年5月号の『JTB時刻表』巻末「列車の編成ご案内」のページを開くと、東海道新幹線・山陽新幹線に100系X編成、同G編成、同V編成、東北新幹線に200系H編成、E1系、E4系、上越新幹線にE1系の編成図が大きなスペースをとって掲載されており、二階建て車両の花盛りである。

「E4系&400系」の編成は「Maxなすの」1往復にも使われていることが『JTB時刻表』巻末からわかる。

ところが「列車の編成ご案内」のページでは「Maxなすの251号」「Maxなすの234号」と記載されているのに、本文ページでは「なすの251」「なすの234」となっている……。たしかに「E4系&400系」が「Maxなすの」なのか「なすの」なのかは、むずかしい問題だ。「Maxなすの」と「なすの」の併結運転と理解すべきか……。

E4系の「Maxやまびこ」「Maxなすの」(「なすの」?)での活躍は、2012年(平成24)9月28日限りで終わった。それ以降は「Maxとき」「Maxたにがわ」でのみ働いている。

E4系の変種、「P51」編成・「P52」編成は、長野新幹線の軽井沢駅まで運転できるよう改造した編成。また、「P81」編成・「P82」編成は長野駅まで運転できるように改造した編成である。

「P51」編成・「P52」編成は、2001年(平成13)7月を皮切りに、夏季だけ3年にわたって、軽井沢駅始発の上り臨時「Maxあさま」となって走っているが、「P81」編成・「P82」編成が長野駅を始終点とする「Maxあさま」として運転された記録はない。

「P51」編成・「P52」編成や「P81」編成・「P82」編成を、通常のP編成と外観で見分けるのは、困難だ。

なお、E4系が上越新幹線でも運転されるようになったのは2001年(平成13)5月である。

最新の帯色変更編成は、帯色を黄色から〝朱鷺《とき》色〟に改めるとともに、シンボルマークを朱鷺三羽が羽ばたく絵に変えている。

シンボルマークと帯の色を新しくしただけなのに、イメージはすっかり変わった。数年以内に全編成が同様の姿に改められるといわれる。

E3系

ミニ新幹線を彩った忘れじの大スター

①秋田新幹線　山形新幹線　東北新幹線
②こまち　つばさ　なすの
③1997年（平成9）3月22日
④ー
⑤261両
⑥JR東日本

S8編成（↓R1編成）（5両↓）	6両	JR東日本
R2編成～R16編成（5両↓）	6両	JR東日本
R17編成～R26編成	6両	JR東日本
L51編成～L53編成　1000番台	7両	JR東日本
L61編成～L72編成　2000番台	7両	JR東日本
とれいゆ　つばさ（改造「R18」編成）	6両	JR東日本
L編成（車体色変更編成）	7両	JR東日本

E3系を細分すると七種になる。

大きく分ければ四種である。秋田新幹線を「こまち」として走ったR編成、山形新幹線を「つばさ」として走っているL編成。そして、E6系の増備にともなって秋田新幹線から撤退した後のR編成、および車体カラーを一新したL編成。

「R17」編成～「R26」編成は増備車である。ほかのR編成と異なる点は、初めからJR東日本に所属する車両として、また6両編成で登場したことである。

ほかのR編成は、初め、秋田新幹線車両保有（株）が所有してJR東日本へリースという形をとった。後に秋田新幹線車両保有（株）は解散している。

また「R1」編成～「R16」編成は、1998年（平成10）秋に、5両編成から6両編成へ増強されている。

1997年（平成9）から「こまち」で活躍したE3系R編成は、E6系という良き跡継ぎに恵まれて、2014年（平成26）3月14日限りで秋田新幹線に別れを告げた。

翌3月15日からは「やまびこ」「なすの」だけで運

い仲間、

短 3時間49分

1日13往復、走ります。

秋田新幹線「こまち」は1日13往復、東京～秋田間を直通で走ります。

＊東京～盛岡（一部仙台）間は、東北新幹線「やまびこ」と併結して走ります。

13往復
1日13往復、秋田に直通で便利だね！みんな秋田に行ってみようよ。

■秋田新幹線（盛岡～秋田間）の通常期特急料金（□は指定席、□は自由席）（単位：円）

	盛岡	新幹線乗継割引※	雫石	田沢湖	角館	大曲	秋田
盛岡		—	720	720	1,130	1,130	1,750
新幹線乗継割引※	—		500	500	790	790	1,220
雫石	1,220	850		720	720	1,130	1,750
田沢湖	1,220	850	1,220		720	720	1,130
角館	1,630	1,140	1,220	1,220		720	1,130
大曲	1,630	1,140	1,630	1,220	1,220		1,130
秋田	2,250	1,570	2,250	1,630	1,630	1,630	

※盛岡駅で出場しないで当日中に東北新幹線と秋田新幹線を乗り継ぐ場合（「こまち」に直通して乗車する場合を含む）、東北新幹線の特急料金に加算します。

■東北新幹線の主な駅と秋田新幹線・盛岡～秋田間の主な駅との運賃・指定席特急料金（通常期）（単位：円）

	雫石		田沢湖		角館		大曲		秋田	
	運賃	料金	運賃	料金	運賃	料金	運賃	料金	運賃	料金
東京	8,340	6,390	8,550	6,390	8,860	6,680	9,170	6,680	9,370	7,110
上野	8,340	6,190	8,550	6,190	8,860	6,480	9,170	6,480	9,370	6,910
大宮	8,030	5,880	8,340	5,880	8,550	6,170	8,860	6,170	9,170	6,600
小山	7,210	5,880	7,520	5,880	7,830	6,170	8,030	6,170	8,860	6,600
宇都宮	7,000	5,880	7,210	5,880	7,520	6,170	7,830	6,170	8,550	6,600
那須塩原	6,180	5,370	6,700	5,370	7,000	5,660	7,210	5,660	7,830	6,090
新白河	5,970	5,370	6,180	5,370	6,490	5,660	6,700	5,660	7,520	6,090
福島	4,840	4,650	5,150	4,650	5,360	4,940	5,670	4,940	6,180	5,370
仙台	3,500	3,820	3,810	3,820	4,220	4,110	4,530	4,110	5,150	4,540
盛岡	310	1,220	720	1,220	1,090	1,630	1,420	1,630	2,160	2,250

1997年（平成9）登場前に配布されたパンフレットの中面。車両はＥ３系Ｒ編成量産車。

用されている。これにともない、「R１」編成を含む多くのR編成が廃車となっている。

「R18」編成を改造した新幹線初の観光列車〝とれいゆ つばさ〟が２０１４年（平成26）７月、山形新幹線に登場。車内に足湯やお座敷を設けたことで話題になっている。

なお、E３系R編成は、分割併合装置をE３１１形（東京駅方の先頭車 11号車）にのみ備えている。東京駅を出ていくときに先頭となるE３２２形の先端にも、黒い筋が薄く見られるが、なかに分割併合装置はない。緊急時などに使用する連結器がはいっている。

Point

R編成の見分け方

量産先行車「S8」編成（後の「R1」編成）と、量産車「R2」編成～「R16」編成は、正面の意匠が明らかに違う。

「S8」編成（後の「R1」編成）は、おでこにも、ライトを備えていた。運転室窓下のライトはごく小さかった。新在直通運転の先輩、400系に似て、鼻先は3次元曲線を描いていた。段差のない丸いラインが先端まで続いていた。したがって、分割併合装置の蓋のラインも楕円形だった。正面の〝よだれかけ〟のような部分——黒く塗りつぶしてある部分の左右、縦のラインが曲線を描いて下部ですこしずつ狭くなっていた。

それに対してR編成の量産車では、〝よだれかけ〟の縦のラインは直線で、左右が平行。そして、その〝よだれかけ〟のなかに大きなライトがふたつ収めてある。おでこのライトはやめた。また、分割併合装置の蓋のラインは六角形に近い。〝よだれかけ〟が平たくなり、その〝よだれかけ〟と車体側面、および先端との間に、やはり平たい折れ曲がり部分が細く入れられたからだ。

「R17」編成以降の量産車については、正面のワイパーが一本から二本に増えており、見分けがつく。


さて、これより、山形新幹線で活躍するE３系の話に移る。

山形新幹線「つばさ」用のE3系1000番台が営業運転に就いたのは、山形新幹線が新庄駅まで延伸した1999年（平成11）12月だった。

1000番台L編成は、鳥の翼を描いた大きなシンボルマークを車体側面に掲出した。このマークおよびE3系1000番台の車体色は400系に影響した。

400系の先行試作車「S4」編成は、シルバーメタリックを基調に窓回りを黒に近いグレーとし、数字の400をデザインした大きなロゴマークを車体側面に掲出して登場した。

400系の量産車は、窓の下にグリーンのラインを追加して、1992年（平成4）に営業運転に就いた。

イメージチェンジをするちょうどよい時期だったのかもしれない。400系もE3系1000番台L編成にならった車体色とシンボルマークに装いを改めている。編成全体にグリーンの帯を締め、400のロゴに替えて大きな翼のマークを掲出した。

そして、E3系1000番台登場の9年後、2008年（平成20）に、400系の後継車として、E3系2000番台が登場している。

「つばさ」の最高時速は東北新幹線において、400系の時代240キロだったが、E3系への置き換え完了、およびE2系J編成との併結運転開始にともない、2012年（平成24）3月17日ダイヤ改正で、「つばさ」16往復中、9往復の最高速度が、時速275キロに引き上げられたことを付け加えておこう。

Point

L編成の見分け方

E3系1000番台L編成と、同2000番台L編成は、簡単に見分けがつく。ヘッドライト（テールライトにもなる）の形が違う。E3系1000番台は下辺が曲線を描いているが、E3系2000番台のヘッドライトは両側がややつり上がって上辺が丸くなっている。なお、E3系1000番台は3本しかつくられていない。

E2系

一世を風靡した東日本のオールマイティ

①東北新幹線　長野新幹線　上越新幹線
②やまびこ　はやて　あさま　とき
③1997年（平成9）3月22日
④―
⑤502両
⑥JR東日本

S7編成（↓J1編成）	8両	JR東日本
S6編成（↓N1編成）	8両	JR東日本
J2編成～J15編成	8両（↓10両）	JR東日本
N2編成～N13編成	8両	JR東日本
J51編成　1000番台	8両（↓10両）	JR東日本
J52編成～J75編成　1000番台	10両	JR東日本
N21編成（↑J1編成）	8両	JR東日本

近年における東日本の新幹線電車のスタンダード、E2系については、七種に分けてとらえたい。大きく見れば、N編成、J編成0番台、J編成1000番台の三種である。

まず、量産先行車「S7」編成が1995年（平成7）春に登場。次に、同年夏前に量産先行車「S6」編成が登場した。

「S7」編成は、後に「J1」編成へ改称、東北新幹線と長野行新幹線で営業運転に就く。「S6」編成は、1997年（平成9）秋、「N1」編成へ改称し、量産車とともに「あさま」の列車名で長野行新幹線を走り始める。

話は複雑なので、年史をおさえておこう。

1997年（平成9）3月　秋田新幹線開業

1997年（平成9）10月　長野行新幹線開業

思い起こせば、「こまち」と「あさま」のデビューは同じ年だったのだ。この頃、東北新幹線はまだ盛岡駅止まりである。

E2系J編成は、E3系「こまち」との併結運転用に開発された電車であり、分割併合装置を8号車に備えている。それに対して、N編成は分割併合装置を備えていない。

J編成とN編成の外観は、ほぼ同じだった。帯の色はどちらも、濃い赤。

J編成は「やまびこ」「なすの」のほか、当初、「あさま」にも使われた。長野行新幹線を走行するための機能を備えていた。区別するとき、J編成をE2ダッシュ系と呼ぶ向きもあった。

ちなみにE3系「こまち」は、200系K編成「やまびこ」とも併結運転を行った。

時は流れて、二十一世紀の夜明けとともに、E2系1000番台の量産先行車、「J51」編成が落成する。8両編成で、8号車のほか1号車にも分割併合装置を装備。帯の色は濃い赤。長野新幹線を走行するための機能は備えていない。

2002年（平成14）12月には東北新幹線が八戸《はちのへ》駅まで延伸。「はやて」がデビューする。

このとき、J編成は大きく姿を変える。10両編成に増強され、車体側面にシンボルマークを掲出。帯の色をE3系と同様の桃色に変えた。

ただし、「J1」編成（元「S7」編成）については8両編成、赤帯のまま長野新幹線へ転属、「N21」編成へ改称となった。

以上がE2系のざっとした変遷であるが、N編成、J編成ともに上越新幹線でも使われた期間がある。詳しくは巻末の年表をご覧いただきたい。

E5系やE6系の思いのほか急速な伸長で、E2系J編成の影は今やすっかり薄くなっている。E2系N編成を使う「あさま」は北陸新幹線の金沢駅延伸の時点で姿を消すだろう。

しかし、J編成1000番台の半数近くは、まだまだ働き盛りの車齢である。今後は上越新幹線をE4系とともに走り続けることになるだろう。そのとき外観や客室のリニューアルが行われるのかどうか……。

Point

E2系の見分け方

「S6」編成および「S7」編成と、量産車とは、顔の形が違う。

J編成量産車およびN編成量産車の先頭車は、先端部にすこしふくらみがある。それに対して量産先行車は、真横から見ると、運転室窓から先端までほぼ直線を描いてとがっている。

トンネル微気圧波対策で、量産車はふくらんだのだという。

量産先行車も量産車も、4号車と6号車に、小さな下枠交差形パンタグラフを備えているが、それを取り囲むカバーの形がすこし違う。量産先行車のパンタグラフカバーは箱形。量産車のそれは、両端で長い裾野を引いて低くなっている。

E2系J編成1000番台は、パンタグラフカバーを付けていない。パンタグラフもシングルアーム式。

次に、E2系J編成1000番台の量産先行車、「J51」編成は、前述のように、まだ濃い赤帯、8両編成で登場したが、客室の窓が大型になった(グリーン車を除く)。

そして、E2系1000番台の量産車(「J52」編成〜)が動揺防止制御装置と車体間ダンパを装備して2002年(平成14)に登場。10両編成、桃色の帯、大型窓(グリーン車を除く)、りんごをモチーフとしたシンボルマーク——という出で立ちだった。分割併合装置は10号車にのみ装備。1号車・9号車・10号車にフルアクティブ動揺防止制御装置を、そのほかの車両にセミアクティブ動揺防止制御装置を新たに備えた。

なお、このとき以降、従来のE2系J編成や「J51」編成も、「J52」編成と同様のエクステリアデザインに改められている。

Ｅ１系

オール二階建てのマンモス車両

①上越新幹線　東北新幹線
②Maxやまびこ　Maxとき　Maxなすの
③1994年（平成6）7月15日
④2012年（平成24）9月28日
⑤72両
⑥JR東日本

M1編成～M6編成　12両　JR東日本
M1編成～M6編成（リニューアル編成）　12両　JR東日本

予定では６００系と称することになっていた車両である。月刊『鉄道ファン』１９９２年（平成４）３月号に「オール２階建ての新幹線６００系を新造する」とＪＲ東日本が発表した——と伝える記事が掲載されている。イラストも添えられ「平成５年夏頃　登場する予定」と、結んである。

「国鉄時代に始まったことをこのまま踏襲していくと、この先いったいどうなる……」という話がＪＲ東日本で持ち上がったことが想像される。

独自の方式として、ＪＲ東日本は、新型車両については系列数字・形式数字の前に「Ｅ」を付けることを決め、１９９３年（平成５）秋に登場のＥ３５１系（初めは「あずさ」に使用、後に「スーパーあずさ」用の振子式電車）で初めて実行に移した。

新幹線車両では、１９９４年（平成６）３月に落成したオール二階建て電車が独自方式の第一号となり、６００系をやめてＥ１系と称したのである。

ＪＲ東海の７００系９０００番台「Ｃ０」編成は、Ｅ１系の３年半後、１９９７年（平成９）10月に落成している。「６００」へ軌道修正するには遅かったのか……。

新幹線で初のオール二階建て電車、Ｅ１系は〝Ｍａｘ〟の愛称をもらい、１９９４年（平成６）７月15日にデビューした。

とにかく大きな車体だった。レール面から屋根まで4・485メートルもある。ほぼ同世代の300系と比べると1メートル近く高い。

小型軽量のVVVFインバータ制御・交流誘導モーターを採用し、6M6Tの12両編成。主電動機一個あたりの出力は、200系と比べると1・8倍の強さとなっている。

急増中だった通勤通学客に対処するために、オール二階建てとしたのであり、定員は、12両編成の200系F編成の約4割増、1235名に上っている。

鼻先も長かった。後のE4系やE5系ほどではないが、運転室から先端までの水平距離は、約4・8メートルある。

E1系で忘れられない接客設備のひとつは、スピーカーをシートに埋めこんだオーディオ装置だ。スイッチを入れ、背もたれの上部に頭を預けると、音が流れてくる優れモノだった。イヤホンは不要。しかも外に音はもれない。——不思議な感じがした。

日本初のオール2階建て新幹線車両。国鉄・JRの新幹線車両で初めて「E」という英字が先頭についた形式である。(*)

グリーン席（9号車～11号車の階上席）と普通指定席（5号車～12号車の階下席）のシートがスピーカー埋めこみ式となっていた。ただし、これは「試行」とのことで「M1」編成だけの装備だった。

終点で行われる車内整備の時間的な制約を考えて、車内整備に際してはシートを電動で回転できるようになっていた。

何よりも話題になったのは〝3&3〟の階上客室である。E1系の自由席、1号車〜4号車の階上客室に新幹線では初のF席が出現したのだ。自由席車両の階上は、リクライニングシートではなく、肘掛けもなかった。ふたりで腰かけるときは、中央の席から肘掛けを引き出せるようになっていた。シートの幅は、A席・C席・D席・F席が420ミリ、B席・E席が440ミリ。――東海道新幹線、300系以降のB席460ミリに比べると、だいぶ狭い。

2号車〜4号車の出入り台、各1ヵ所に〝ジャンプシート〟と名づけた補助椅子が設けてあった。E1系の自由席車両（1号車〜4号車）は通勤通学客で満員になる車内を想定し、「立ちん坊で行くよりは、ましですよね」とささやく、「昭和の新幹線」からは想像もつかない設備になっていた。

女性専用の〝パウダールーム〟は、当時としては目新しかった。9号車に設けられた、着替え、化粧、赤ちゃんの授乳などができる部屋の名称である。

E1系はデビューの時点で、東京駅〜盛岡駅間の「Maxやまびこ」2往復、那須塩原駅始発東京駅行き「Maxあおば」1本、東京駅〜新潟駅間の「Maxあさひ」2往復、高崎駅始発東京駅行き「Maxとき」1本に使用されている。

E1系ではなんと、先行試作車がつくられていない。200系H編成がお手本になったのかもしれない。それにダブルデッカーはJRでも私鉄でも次から次へと登場して、一種のブームになっていた時代である。

E1系は全部で6本しかつくられていない。弟分のE4系が、E1系の3年後に早くも誕生している。

E1系6本が、2003年（平成15）から2006年（平成18）にかけてリニューアルされ、車体に桃色の帯を巻き、桃色の朱鷺《とき》をあしらったシンボルマークを新たに掲出したことは記憶に新しい。

新幹線電車の常識を破る巨体、のほほんとした顔で親しまれたE1系であったが、時は流れた。2012年（平成24）9月に、惜しまれながら消えた。

800系

傑出したデザイン哲学の追求

①九州新幹線
②つばめ　さくら
③2004年（平成16）3月13日
④―
⑤54両
⑥JR九州

U001編成～U006編成　6両　JR九州
U007編成・U009編成　1000番台　6両　JR九州
U008編成　2000番台　6両　JR九州

6両編成9本がつくられていて、三種に分かれる。
九州新幹線鹿児島ルート、新八代《しんやつしろ》駅～鹿児島中央駅間が開業した2004年（平成16）早春、U001編成～U005編成の5本が、「つばめ」の列車名で営業運転に就いた。
後にU006編成を増備。
続いて、博多駅～新八代駅間の建設工事も完成に近づいた頃、以下の3本が仲間に加わった。
800系1000番台U007編成
800系2000番台U008編成
800系1000番台U009編成
2009年（平成21）夏から翌2010年（平成22）夏にかけてのことである。この3本は、新800系とも呼ばれる。
歴史的な鹿児島ルート全通の日、2011年（平成23）3月12日の前日、未曾有のカタストロフィが東北地方・関東地方・飯山線沿線地域を襲った。津波は、日本全国の沿岸におよんだ。九州新幹線沿線での祝賀行事は中止され、また博多駅の新幹線ホームでは厳しい警備態勢がとられてお祝いムードはなかった。
九州新幹線の起点は博多駅、終点は鹿児島中央駅。800系（JR九州）が走るほか、N700系7000番台（JR西日本）、同8000番台（JR九州）が活躍し、列車は「みずほ」「さくら」「つばめ」の三種類――というふうに、東京駅〜大宮駅間などに比べると、シンプルだ。

800系は、全車が〝2&2〟（車椅子対応席を除く）の普通車で、短い6両編成。最高時速は260キロ。急勾配区間（183ページ参照）に備えて、オールMの編成。

「800」という独立した系列数字をもらっているけれど、基本は700系の亜種といってよい。大量生産を必要としないことから、新たにゼロから設計を始めると発注側も製造側もコストパフォーマンスに反するという事情があった。

しかしながら、もちろんJR九州としては、世紀の新幹線に、既存の車両の単なる短縮版をもってくるわけにはいかなかった。

JR九州の新型車両開発で辣腕《らつわん》をふるい、数々の名車を生む原動力となったデザイナー、水戸岡鋭治《みとおかえいじ》氏（ドーンデザイン研究所）が、ここに満を持して登板することになる。

「ドーン」は、「鋭」の対義語「鈍」をもじって水戸岡さんが自虐的に命名した事務所名である。

制約が多いうえに時間も限られたなか、デザイナーは苦しんだ。

しかし、水戸岡さんの献身的な努力、忍耐、計り知れない独創力、限りない英知、見識、そして天真爛漫な遊び心が、ついに「可愛い電車」「乗って楽しい車両」「乗りたくなる新幹線」――800系を生み出した。

そこには、水戸岡さんの無垢な男心に共鳴した各地の職人たち、そしてメーカーの技術者たちの絶大な協力――コストパフォーマンスを無視した働きがあったことも忘れられない。

とりわけ、全線開業向けにつくられた1000番台と2000番台は、お城か御殿か、はたまた竜宮城か――と見まごうばかりの絢爛豪華な客室となっている。

ところで、JR九州は〝ドクターイエロー〟をつくっていない。初めはU001編成が、営業運転中に電気軌道総合試験車としても働ける機能を有していた。

後に、軌道検測の機能は1000番台に、電気関係の検測は2000番台に移されている。

新800系の室内。「和風」を意識しており、随所に木材が使用されている。

Point

U001編成〜U006編成、U007編成・U008編成・U009編成の見分け方

ヘッドライトのガラスの蓋で見分けて、ふたつに分類できる。U001編成〜U006編成は一般的な平らな蓋を付けているが、U007編成・U008編成・U009編成の蓋は盛り上がっている。

車体の側面を走る帯の形で見分けて、三つに分類する。U001編成〜U006編成の細い帯は最前部から最後部まで直線である。それに対してU007編成・U008編成・U009編成の帯は、波うったり、途中でリボンを結んだりしている。

U008編成とU009編成の帯は、1号車・2号車・3号車・5号車・6号車で波うっている。

U008編成とU009編成のリボンは、1号車・3号車・4号車・5号車の各一ヵ所で結ばれており、4号車のリボンはほかの号車のリボンより大きい。

U007編成の帯は1号車と6号車で波うっている。U007編成の帯は1号車・3号車・5号車でリボンを結んでいる。

本来、車体のデザインを変えるのなら、1000番台と2000番台で分けるべきだろう。どこかで間違いが発生したのかもしれない。

なお、鹿児島ルート全通に際し、全編成のエクステリアデザインにすこし手が入れられた。「つばめ」の文字が外された。これをカウントすると、800系は六種に分かれることになる。

N700系

九種に枝分かれした最新型車両

①東海道新幹線　山陽新幹線　九州新幹線
②のぞみ　ひかり　みずほ　さくら
③2007年（平成19）7月1日
④—
⑤—
⑥JR東海　JR西日本　JR九州

Z0編成	9000番台	16両	JR東海
Z1編成～Z80編成		16両	JR東海
N1編成～N16編成	3000番台	16両	JR西日本
S1編成～S19編成	7000番台	8両	JR西日本
R1編成～R11編成	8000番台	8両	JR九州
G1編成～G13編成	1000番台	16両	JR東海
F1編成～	4000番台	16両	JR西日本
X1編成～	2000番台	16両	JR東海
K1編成～	5000番台	16両	JR西日本

九種に分かれる。

6000番台がないだけで、たいへん複雑だ。会議などで関係者の口から「えぬななひゃっけい」と発音されることは、もはやないのかもしれない。編成記号または番台数字のみで会話をかわしているのかもしれない。わたしたちもみならうべきか……。

わかりやすい話から始めることにしよう。

7000番台、8000番台は「みずほ」「さくら」「つばめ」用である。7000番台がJR西日本に所属するS編成、8000番台がJR九州に所属するR編成。どちらも短い8両編成。

ＪＲ九州の電車は、８００系といい８０００番台といい、在来線の電車といい「８」に縁がある。

Ｎ７００系の量産先行試作車「Ｚ０」編成は、３００系や７００系などの前例と異なり、「Ｚ１」編成へステップアップしていない。登場は２００５年（平成17）だった。ＪＲ東海とＪＲ西日本が共同開発。

顔が大きく変わったこと、新幹線電車では初めて、ついに車体傾斜装置を備えたこと、加速度を通勤形電車並みにまで高めたことが大きな特長だった。「Ｎ７００」の文字と側面イラストを組み合わせたロゴマークが車体側面を飾った。

量産車はまず、「Ｚ１」編成〜「Ｚ５」編成および「Ｎ１」編成がつくられ、２００７年（平成19）７月、営業運転に就いた。

Ｚ編成がＪＲ東海に所属、Ｎ編成がＪＲ西日本所属の３０００番台。

量産車は「Ｚ０」編成で確認された事柄を反映して製造されており、量産先行試作車と量産車に相違点はほとんどない。

先頭形状は「エアロ・ダブルウィング形」と呼ばれ、ホームから見ると、運転室部分のポッコリとした飛び出しが印象的だ。全周幌も目を引く。セミアクティブ制振制御装置を全車に装備。

そのほか、モバイル用コンセントをグリーン車の全席と普通車の車端の席と窓側の席に設置したこと、多目的トイレにオストメイト設備を、防犯用監視カメラを出入り台ほかに、そして喫煙ルームを設置したことも話題になった。

空気ばね上昇式の車体傾斜装置と起動加速度の向上により、東京駅〜新大阪駅間において、それまでより所要時間を５分短縮。Ｎ７００系使用の「のぞみ」最速列車で、東京駅〜新大阪駅間は２時間25分となった。

たしかに、Ｎ７００系に初めて乗ったとき、東急の大井町《おおいまち》線を乗り越えた辺りからぐんぐん加速して、東急の池上《いけがみ》線をくぐるあたりまで、従前にないスピードで走る快感に、心のなかで拍手した人は少なくないだ

ろう。〝横須賀線〟から離れて右へ半径８８０～１５００メートルの急曲線をたどった後も、新横浜駅が近

N700系は、高速でカーブを曲がるための車体傾斜装置が新幹線で初めて導入された車両だ。右の車両の窓の中は喫煙室。客室の窓より位置がかなり高い。

いというのに加速する。

さらに新横浜駅を発車した後、相鉄の本線をまたぎ、横浜市旭区、瀬谷区、泉区の住宅地を過ぎる頃、どんどん速度が上がっていくことが、はっきり感じられた。綾瀬市、藤沢市、海老名市、平塚市の平野に出るまでの間がほんとうに短く感じられた。

車体の傾斜については、意識していると熱海駅通過のとき（半径１５００～３５００メートル）、富士川橋梁を渡った先（半径２５００メートル）、安倍川橋梁を渡った先（半径２５００メートル）、浜松駅通過後（半径２５００～３０００メートル）などで認められる。ただし、これはカントによる傾きが多分に含まれる。

さすがにＳカーブをいく在来線の振子式車両のような、右へ、左へ、右へ――と連続する傾き方ではない。

山陽新幹線では、徳山駅通過のとき（半径１６００メートル）がチェックポイントである。

さて、Ｎ７００系のさらに上をいく〝Ｎ７００Ａ〟――その量産先行車は２０１２年（平成24）８月に登

場した。

〝N700A〟は車両系列ではなく、車両愛称である。従来の呼称方法によれば、JR東海の編成がN700系1000番台G編成、JR西日本に所属する編成がN700系4000番台F編成となる。

まず、JR東海の「G1」編成が2012年（平成24）年8月に落成し、走行試験などを実施。翌2013年（平成25）初めには「G5」編成まで出そろい、同年2月、営業運転に就いた。

JR西日本の〝N700A〟4000番台は同年11月末に「F1」編成が営業運転に就いた。

「A」をデザインした巨大なロゴマークが車体側面を飾るものの、一般にわかりやすい新機軸に欠けるため〝N700A〟はJR東日本のE5系、E6系に押され気味である。「A」は英語の「Advanced」（進化したという意味）の頭文字を表すという。

〝N700A〟の自慢は、ブレーキ性能を高め、非常ブレーキより強い「地震ブレーキ」を備えたことと、定速走行機能を備えたこととされる。

同じN700系でも、編成記号が八種に分かれているくらいなので、話はまだまだ続く。

JR東海の2000番台X編成、およびJR西日本の5000番台K編成は、ともに改造車である。

〝N700A〟がもつ機能を既存のN700系に追加した車両が、X編成、K編成を名のる。Z編成に追加してX編成とし、N編成に追加してK編成としている。

具体的にいえば、定速走行の機能や地震ブレーキを追加した。

X編成とK編成は、N700に小さく「A」を添えたロゴマークを車体側面に掲出している。

ところで、N700系の普通車でありがたく思う設備は、冷房の吹出し口である。A席とE席の窓の上辺近くに、吹出しの開閉切替え口がある。バスのものに似た小さな口で、乗客の体質に応じて、つまみを乗客が指で動かせば、冷風を首に直接あてたり、くい止めたりすることができる。

700系

東海道新幹線・山陽新幹線の旧スタンダード

①東海道新幹線　山陽新幹線
②のぞみ　ひかり　こだま
③1999年（平成11）3月13日
④—
⑤960両
⑥JR東海　JR西日本

C0編成（→C1編成）	9000番台	16両	JR東海
C2編成〜C60編成		16両	JR東海
B1編成〜B15編成	3000番台	16両	JR西日本
E1編成〜E16編成	7000番台	8両	JR西日本

700系は、300系と〃300X〃および500系の成果を土台にして、JR東海とJR西日本が共同で開発した新幹線電車である。

まず、JR東海の量産先行試作車、「C0」編成（後に「C1」編成）が、1997年（平成9）秋に落成。性能確認試験、長期耐久試験を約1年にわたって行った。

量産先行試作車、「C0」編成（後に「C1」編成）のパンタグラフはシングルアーム式。騒音抑制のため、巨大なワイングラス形のカバーで覆われていた。

量産車はまず「C2」編成〜「C5」編成の4本が製造され、1999年（平成11）3月、東京駅〜博多駅間の「のぞみ」3往復でデビューした。

700系「のぞみ」は、山陽新幹線を最高時速285キロで走ることから、東京駅〜博多駅間において、同駅間の所要時間が300系「のぞみ」より7分短い4時間57分となり、500系「のぞみ」の4時間49分にすこし近づいた。

量産車はセミアクティブ制振制御装置を先頭車2両とグリーン車3両およびパンタグラフをのせた2両に

装備。

そのような高級な装置を700系が身につけていたのか――といえば、500系にしても、後述のように備えていたのだから、間違いない。

また、700系はヨーイングを抑えるための車体間ダンパをすべての車体間に装備した。

さらに、先頭車両の先頭軸にセラミック噴射装置を備えて非常ブレーキの性能を上げている。

パンタグラフカバーは台形のものに変更。

JR東海の新幹線電車は、700系の登場により、0系と100系が淘汰され、その後継に300系が座り、それまでの300系の役割を700系が担っていくことになった。700系16両の各号車定員は300系のそれにそろえてある。

700系に初めて乗ったときの印象として、荷棚の下部、窓と窓の間の上部に並ぶ空調吹出し口が目新しく感じられたことを思い出す人は、少なくないだろう。

JR西日本の700系3000番台は、編成記号を「B」として、C編成に遅れること2年半、2001年（平成13）10月に走り始めた。当初は「のぞみ」ではなく、100系3000番台V編成〝グランドひかり〟の後がまを務めた。普通車の座席モケットが群青色であることや、車内放送が始まるとき「いい日旅立ち」のメロディーの初めの部分が流れること――などがB編成としての個性を感じさせた。

外観上は、C編成とB編成に大きな違いはない。

実は、JR西日本において、700系7000番台E編成〝ひかりレールスター〟のほうが、700系3000番台B編成より、ひと足早く登場している。運転開始は2000年（平成12）3月だった。

700系E編成は8両編成と短いながらも、車体色や接客設備で独自性を出し、山陽新幹線でおおいに目立つ存在となった。

8号車に4人用普通個室を4室設けた。

1号車～3号車は自由席で〝2&3〟ながら、そのほかは〝2&2〟の普通指定席とした。

特筆すべきは〝サイレンス・カー〟（4号車）である。緊急時を除き車内放送をカット、車内販売員も声を出さす、車内改札の車掌も乗客に声をかけない。きっぷを「取り忘れ、紛失等には十分ご注意ください」と書かれたチケットホルダーに入れておく仕組みだった。

また「だっこしなくていいから、ラクチンだね」の〝チャイルドクッション〟もまことにユニークな設備だった。700系7000番台E編成〝ひかりレールスター〟8号車で実施された無料サービスである。「A－B席またはC－D席を並びでご利用のお客様に同伴された1～2歳（ただし、体重15kg以下）のお子様を対象とします」と案内のチラシにある。六台用意されており、乗車後に、車内販売員に申し出ると借りられた。

ちなみに、道路交通法による「チャイルドシート」の義務化も2000年（平成12）である。

700系7000番台〝ひかりレールスター〟の影は今やたいへん薄くなっている。2014年（平成26）年3月ダイヤ改正で、新大阪駅～博多駅間に運転される「ひかり」のうち、〝ひかりレールスター〟の出番は、朝の上り2本と夜の下り1本だけである。そもそも山陽新幹線の岡山駅以西に「ひかり」は、片手で数えられる本数しか存在しない。

〝サイレンス・カー〟および〝チャイルドクッション〟は姿を消しているし、普通個室も「こだま」で走るときは閉鎖されている。

なお、JR東海の700系C編成が、JR西日本へ2011年（平成23）から2012年（平成24）にかけて8本（「C11」編成～「C18」編成）、譲渡されている。

これは移籍したにすぎず、編成記号も変えていないので、一種にカウントせず、700系は細分して四種と考えたい。

500系

速さとスタイルの頂点を極めた金字塔

W1編成～W9編成　16両　JR西日本
V2編成～V9編成　8両　JR西日本

世界の鉄道の高速競走において、シンカンセンは、500系のおかげで再び世界の先頭集団に追いついた。

500系W編成は、日本の鉄道で初めて、最高時速300キロの営業運転を実現した電車として、末永く顕彰されるであろう。

また、それなりの理由があったとはいえ、先頭部分の鋭さや細さ、さらに車体全体の流れる丸みは、歴代の新幹線車両のなかで群を抜いており、見るからに、トップランナーらしい頼もしさに満ちあふれている。

高速走行にともなって乗り心地が劣化することのないよう、高価な動揺防止装置が採用されたのであるが、登場当時はあまり語られていない。編成両端の車両にアクティブサスペンションを装備、また、セミアクティブサスペンションをパンタグラフ付きの車両2両とグリーン車3両に装備した。日本の営業用車両では初めての試みであった。

500系で運転される列車に、「のぞみ」とは別の特別な愛称が付かなかったことは、かえすがえすも、残念である。ちなみに、500系W編成は「ひかり」「こだま」には使われていない。

先頭形状はカワセミのくちばしに、パンタグラフはフクロウの羽にヒントを得て開発――とさかんに宣伝されたことも思い出される。

どちらも、スピードをあげればおのずと問題になる沿線の環境対策だった。いわゆるトンネル微気圧波に

①山陽新幹線　東海道新幹線
②のぞみ　こだま
③1997年（平成9）3月●日
④―
⑤144両
⑥JR西日本

よる破裂音の発生を抑えるために、先頭形状が極端な流線形となり、また、集電装置が発する騒音を軽減するためにT字形パンタグラフが開発された。

そうした新技術のテストや、いくつかの課題を解決する必要上、もちろん試作車はつくられている。

５００系９００番台「Ｗ０」編成である。

しかし、この車両は高速試験車〝ＷＩＮ３５０〟の呼び名で知られるようになったし、外観も旅客用車両の常識から遠くかけ離れていたので、５００系を分類するときに９００番台「Ｗ０」編成を一種にカウントすることはない。

５００系Ｗ編成のデビューは、Ｅ２系Ｊ編成やＥ３系と同じ日、１９９７年（平成９）年３月22日だった。まず、新大阪駅〜博多駅間の「のぞみ」１往復で走り始め、同年11月29日、その１往復に加えて、東京駅〜博多駅間の「のぞみ」３往復にも使われるようになった。

この時点で、５００系「のぞみ」の東京駅〜博多駅間における表定速度は１０６９・１（実キロ）を４・８１６６（所要時間）で割って時速２２１・９５キロという数字がはじきだされる。深い畏敬の念をいだかないではいられない。

５００系「のぞみ」が運転を始めた当初、客室端の案内表示器に「ただいま時速300K/Hです」の文字が

テレホンカードに登場した500系。時速300キロがうたわれている。

尖った先頭車両、シルバーの車体色、時速300キロの高速運転。何もかもが斬新だった車両だ。先頭車の運転席よりのドアがなかったのが不便でもあった。

流れたこと、また運転士が車内放送のマイクを握って「500系『のぞみ号』運転士よりお客様にお知らせします。只今この新幹線は時速300キロで運転しております」と告げたこと――は後世に語り継ぎたい。

2014年（平成26）3月ダイヤ改正においてなお500系は健在である。といっても、長さが8両に縮まり、V編成を名のって山陽新幹線の「こだま」で細々と働いているにすぎない。

500系は、終始、孤高のランナーだった。

Point

W編成とV編成の見分け方

W編成は16両。V編成はその半分の8両しか連結していない。W編成のパンタグラフはT字形だが、V編成はシングルアーム式。

４００系

新在直通、先鋭化した宇宙船感覚の電車

①山形新幹線　東北新幹線
②つばさ
③１９９２年（平成４）７月１日
④２０１０年（平成22）４月18日
⑤84両
⑥ＪＲ東日本

Ｓ４編成（→Ｌ１編成）　６両（→７両）　ＪＲ東日本
Ｌ２編成～Ｌ12編成　６両（→７両）　ＪＲ東日本
Ｌ１編成～Ｌ12編成（リニューアル編成）　７両　ＪＲ東日本

初のミニ新幹線、山形新幹線の建設工事は１９９０年（平成２）９月、福島駅～山形駅間の全区間で本格化した。

軌間１０６７ミリの奥羽本線を１４３５ミリに改軌して、特急「つばさ」が東京駅～山形駅間を走り始めるのは１９９２年（平成４）夏である。それまでの２年間、山形への主要路は仙山線が代役を務めた。

快速「仙山」が増強されたほか、仙台駅～新庄駅間に直通の快速と普通が各１往復新設された。また夜行急行「津軽」も仙山線経由、５８３系電車による運転に変更された。

「つばさ」用４００系の試作車「Ｓ４」編成（後に「Ｌ１」編成）は、１９９０年（平成２）10月に登場。

その、あまりにも先進的なフォルムは、日本人すべての度肝を抜いた。航空機を超え、スペースシャトルのような顔。

最高速度は、東北新幹線で時速２４０キロ、山形新幹線で時速１３０キロ。

開業の頃、踏切事故の多発により、踏切に、巨大なゲートを設置して「つばさ」のスピードへの認知を、沿線の人たちに促したことが思い出される。

山形新幹線の険しい地形、厳しい気候に立ち向かうための機能を、４００系は身にまとった。勾配抑速ブ

レーキ、耐雪ブレーキを装備。

また、新在直通運転であることから、交流2万5000ボルト、同2万ボルトの両方に対応。400系の車体寸法は新幹線ではなく、在来線に準拠。新幹線の駅でホームとドアの間の隙間を埋めるためのステップを装備。

普通車の客席が〝2&2〟となったのは当然として、グリーン車が〝1&2〟とされことは記憶に留めたい。

400系「つばさ」は山形の人たちの絶大な支持を受け、開業より3年後に編成を増強。1両増やして7両編成となった。

1992年のデビュー前に配布されたリーフレットの表側。新幹線を走っていた車両がそのまま在来線を走るということに驚かされた。

「つばさ」のほとんどは、福島駅14番線において「やまびこ」と分割併合を行ってきたわけだが、その「やまびこ」の車両は初め、200系K編成。後にE4系「Maxやまびこ」が加わり、2001年（平成13）秋からはE4系だけとなっている。

なお、「400系&200系」や「400系&E4」系は、「なすの」にも運用された。

山形新幹線が新庄駅まで延伸したのは、二十世紀も終盤の1999年（平成11）12月4日。

これに合わせて、E3系1000番台がつくられ、400系もリニューアルを始める。400系の全編成がE3系1000番台に準じた車体外観になるまで約2年かかった。

そして、400系の後継車、E3系2000番台が2008年（平成20）12月に走り始める。

400系の最期は、2010年（平成22）春であった。

Point

試作車と量産車の見分け方

運転室の窓の下、左右に小さな楕円形の窓があるかどうかで見分ける。試作車にはあるが、量産車にはない。また、側面の窓下にグリーンの帯が量産車にはあるが、試作車にはない。

試作車「S4」編成は、「L1」編成となるのに際し、量産化改造を受けており、この時点で見分けはほとんどつかなくなっている。

なお、分割併合装置を、「L2」編成以降の量産車は東京駅方の先頭車（11号車）だけに備えたが、試作車は反対側の先頭車にも備えていた。

（上）ミニ新幹線と呼ばれた車両だが、板谷峠の急勾配や急カーブをものともせず力強く走った。写真は試作車「S４」編成。(*)

（右）400系車両を大きくあしらった図柄のオレンジカード。写真は量産車。

300系

新たな高速時代を切り開いた初代「のぞみ」用電車

①東海道新幹線　山陽新幹線
②のぞみ　ひかり　こだま
③1992年（平成4）3月14日
④2012年（平成24）3月16日
⑤1120両
⑥JR東海　JR西日本

J0編成→（J1編成）　9000番台　16両　JR東海
J2編成〜J61編成　16両　JR東海
F1編成〜F9編成　3000番台　16両　JR西日本

史上初めて最高時速270キロで営業運転を行う、JR東海300系のデビューは、新幹線50年のなかでほんとうに衝撃的な一大事だった。

なにしろ、それまで山陽新幹線でいちばん速かったJR西日本100系3000番台V編成〝グランドひかり〟より一気に40キロも速くなり、東北新幹線〝スーパーやまびこ〟の時速240キロを30キロ上回るという、まさに「新幹線に新時代、到来！」を告げる、画期的な車両の登場だった。

速度向上に寄与した技術開発として、一に軽量化、二に騒音対策、三に軽量化の一環としての交流モーター・VVVFインバータ制御の採用がいわれた。

編成あたりの出力は1万2000キロワットで、100系のそれの約1・09倍にすぎないが、10M6Tの16両編成。一編成あたりの重量は、100系のそれの75パーセントにまで軽くなっている。

軽量化については、アルミ車体の採用をはじめ、台車をボルスタレスとしたこと、客室のシートを超軽量としたこと、そして新幹線車両では初めて交流モーター・VVVFインバータ制御を採用したことによってもたらされている。

300系は、細かく分けても三種である。

JR東海所属の300系が、編成記号「J」、そしてJR西日本所属が「F」である。

300系の先行試作車9000番台「J0」編成の登場は、300系量産車の営業運転開始に先立つこと2年という、力の入れようだった。性能の確認、長期耐久試験、乗務員の習熟訓練に用いられた。

なにぶんにも最高時速を東海道新幹線でそれまでより50キロ、山陽新幹線で40キロも一気に引き上げるというのだから、慎重を期することが求められたのである。

300系による、待望久しい「のぞみ」運転開始は1992年（平成4）3月だった。

このとき「J0」編成は「J1」編成に改称していたが、量産化改造と営業列車での使用は1年遅れとなった。

1992年（平成4）早春に走り始めた「のぞみ」は、まことに特別な列車だった。東京駅〜新大阪駅間に2往復の運転で、早朝の下り1本は名古屋駅に停車せず、名古屋の人たちの不満が〝名古屋飛ばし〟という言葉になって広まった。――東京駅6時00分発、新横浜駅6時18分発、新大阪駅8時30分着。なんと京都駅にも停まらなかったのである。東京駅〜新大阪駅間の所要時間は2時間30分。それまでより一気に22分も縮める、胸のすくような快挙だった。

しかし、私が乗った「のぞみ1号」は名古屋駅を、駅前後の急勾配、急曲線に制約されて時速30キロほどで通過した。「これなら停車しても所要時間に響かないのでは……」と思ったことを覚えている。

なお、この時点で300系は、東京駅〜新大阪駅間の「ひかり」1往復にも用いられている。

JR東海のJ編成による東京駅〜新大阪駅間での「のぞみ」運転開始の翌年、1993年（平成5）3月には、「のぞみ」が大きく成長する。東京駅〜博多駅間に1時間ごとの運転となり、このとき、JR西日本の300系3000番台F編成が仲間に加わった。

普通車B席の幅が300系で初めて広がったことも

特筆に値する。それまでは、A席～E席のすべてが幅４３０ミリだった。それが３００系J編成およびF編成で、B席に限り４６０ミリに広げられた。その分、通路の幅が６００ミリから５７０ミリになった。

ただし、先行試作車９０００番台「J０」編成（後に「J１」編成）のB席については、４３０ミリのままだった。

３００系の製造は、およそ9年間にわたって、J編成61本、F編成9本、合わせて１１２０両という多数にのぼった。３００系は、二十世紀終盤の東海道新幹線・山陽新幹線において、俊足自慢、しかもポピュラーな車両として、ビジネス客や旅行者に親しまれた。

二十一世紀にはいると、新しく生まれた７００系に道を譲り、「ひかり」「こだま」で余生を送った。長く東海道新幹線・山陽新幹線を走り続け、２０１２年（平成24）３月に、J編成、F編成ともに最期の時を迎えている。

３００系の20余年間をふり返って、以下の点は立派だったといえよう。――姿、形を、登場から引退までほとんど変えていない。０系・１００系・２００系と比べて、この点はきわだっている。

下枠交差形のパンタグラフをシングルアーム式のものに取り替えるとともに数を減らしたり、パンタグラフカバーの形を変えたりしているが、20余年の間、外観の印象はさほど変わっていない。

熱海駅を通過する300系。(*)

300系の普通車室内。シートは超軽量ながら見た目には重厚感があった。

Point

J編成の見分け方

まず、正面、運転室の窓の形がかなり違う。

「J2」以降の量産車と比べて、試作車「J0」編成（後に「J1」編成）9000番台の運転室正面窓は、左右両端が下方向へだいぶ垂れ下がっている。

試作車「J0」編成（後に「J1」編成）9000番台の帯の色は、すこし明るい青だったが、「J2」編成以降の量産車では、0系や100系と同じ、いわゆる〝ピース紺〟に戻されている。

また、ヘッドライトの形や、「ヘッドライトとヘッドライトを結ぶ帯」の色、形がすこし違う。

さらに、客室窓が量産車では50ミリ、試作車より下げてあり、ブルーの帯に近づいている。

なお、J編成とF編成の外観に違いはない。もちろん車体に近づけば「JR東海」「JR西日本」の小さな文字や編成記号によって、区別はつく。

200系

東北・上越新幹線を盛り上げた多彩な顔ぶれ

①東北新幹線　上越新幹線
②やまびこ　あさひ　とき　なすの
③昭和57年（1982）6月23日
④2013年（平成25）3月15日
⑤700両
⑥国鉄→JR東日本

E編成	JR東日本
F編成	JR東日本
F編成（先頭車は2000番台）	JR東日本
G編成	JR東日本
F90編成～F93編成	JR東日本
H編成（二階建て車両1両）	JR東日本
H編成（二階建て車両2両）	JR東日本
K編成	JR東日本
F80編成	JR東日本
K編成（リニューアル編成）	JR東日本

ざっと区別して一〇種に分かれる。

最終段階でリニューアルK編成の車体色が、200系E編成デビュー時の色に戻されており、これをカウントすると一一種になる。

200系の試作車は、962形である。この車両には編成記号は付けられていない。962形は6両編成。昭和54年（1979）に製造され、小山総合試験線で各種のテストに供された。

後に電気軌道総合試験車〝ドクターイエロー〟925形・921形「S2」編成に改造されている。

まず、東北・上越新幹線が開業した昭和57年（1982）、「やまびこ」「あおば」「あさひ」「とき」となって走り始めたE編成について語ろう。

7号車がグリーン車、9号車がビュフェと普通席の合造車、それ以外が普通車で、1号車～4号車が自由席の12両編成というふうに、全列車が統一されていた。

普通車は〝2&3〟の簡易リクライニングシートで、

二列席は回転可能、三列席は〝集団離反型〟の固定式。モケットの色は柿色に黒の縦縞だった。グリーン車は〝2&2〟のリクライニングシートでモケットはこげ茶色。

出入り台と客室を仕切る壁の色、およびカーテンの色が、普通車の奇数号車と偶数号車で分けてあった。奇数号車はオレンジ色系、偶数号車は緑色系だった。

0系の場合、空気調和装置が天井から客室へ向かって飛び出していて、天井は平滑ではなかったが、200系ではこれが〝屋根裏〟へ引っ込んだので、ずいぶん近代的な意匠になったという印象だった。

ビュフェは立食方式。壁に時計や速度計が設置され、隅に、旅客用の黄色いプッシュホンも置かれていた。世間ではまだダイヤル式の電話機が主流だったから、目新しく感じられた。

12両とも車端に「機器室」があって、1両の空間のずいぶん大きな割合を占めているなあ、という印象だった。雪取り装置（雪切り装置）がそのなかに収めてあったわけだ。

1号車の客席は、1A～9Eで、わずか定員45名。出入り台と運転室を仕切るドアに「MOTOR MAN」の文字があった。機器室のおかげでほかの車両も定員は少なく、2・4・6・8・10号車の95名が最大で、100名を超える車両はなかった。

雪取り装置は、北国で働く200系を象徴する装置とされ、ずいぶん宣伝された。車内の換気や主電動機の冷却のために外から取り入れる空気に雪が混入しないよう、この装置で雪を遠心分離するのである。専門家はサイクロン式雪取り装置と呼んだ。

200系の雪害対策は徹底していた。

床下機器に雪が付着するのを防ぐために、ボディマウント方式とした。個々の機器を車体の床下に固定するのではなく、「1両分の機器を全部のせた大きなパレット」を、車体と合体させる方式だった。

連結部への雪の付着、浸水を防ぐために、全周幌（外幌）を採用した。

以上のようなことが、取材試乗の際に入手した資料に書いてあるが、月刊『鉄道ジャーナル』昭和56年（1981）1月号によると、外幌の効果は絶大ながら、検修のときなどに余計な手間を必要とするので、「5編成目の車両からは外幌はいちおう取り付けられる形にしておいて、取り付けないことに」したとのこと。

先頭車の無骨なスノープラウも新鮮だった。

トイレは、奇数号車の盛岡駅寄りの車端にあって、その大半は「和式便所」だった。7号車のグリーン車にはトイレが三つあり、そのうちのひとつが洋式だった。また、ビュフェと客室を合造した9号車も、トイレを三つ備えていて、そのひとつが身体が不自由な人のための洋式トイレ、ひとつが「食堂従業員専用」の洋式トイレだった。

さて、次に200系F編成が昭和60年（1985）3月に登場した。上野駅まで東北新幹線が大宮駅から延びて「やまびこ」が国内最速の時速240キロ運転を始めたときだ。

F編成は、16本が昭和59年（1984）から翌60年（1985）初めにかけて新造されたほか、既存のE編成10本が、ATC車上装置の改造、パンタグラフ数の半減などを施されF編成へ改造され、計26本が上野開業に備えた。

時は流れて昭和62年（1987）3月、100系の123形・124形と同タイプの221形2000番台・222形2000番台が2両ずつ登場。「F52」編成と「F58」編成の先頭車は、色こそ違え、100系先頭車と同じ顔になった。

100系タイプの先頭車は翌63年（1988）以降、H編成の組成までに6両加わるが、こちらは中間車の改造車であり、2000番台となった。2000番台は新造車である。

また、2000番台先頭車の登場から1ヵ月後に、E編成の一部を12両から10両に縮めてG編成とし、「とき」での運用が始まっている。そしてこのG編成は、翌63年（1988）3月、さらに8両に短縮される。

さて、昭和が過ぎ去り、1990年代にはいって、200系の身辺はがぜんあわただしくなる。

上越新幹線へテコ入れをする意味があったようで、1990年（平成2）3月、国内最速の時速275キロ運転が始まる。

「あさひ1号」「あさひ3号」が、大清水トンネルの下り勾配区間を時速275キロで走るようになった。これに使用するために、既存のF編成を改造して用意した車両が「F90」編成～「F93」編成の4本である。

200系の室内。普通車の3列シートは固定式だった。

E・F・Gとくれば、次はHだ。

二階建て車両のあるH編成が、1990年（平成2）6月に登場する。従来のF編成6本が、二階建て車両1両を組みこみH編成と改称したのである。H編成に変身した6本の先頭車が2000番台または200番台だったことはいうまでもない。二階建て車両の階上は開放グリーン席、階下にはグリーン個室のほか普通セミコンパートメントが1区画あった。

翌1991年（平成3）3月、H編成は堂々の16両編成に成長し、二階建て車両も2両に増える。新しい二階建て車両の階上は開放グリーン席で、階下はカフェテリア。

この頼もしいH編成を6本そろえ東北新幹線は同年6月、上野駅～東京駅間の開業の日を迎えるのである。

その翌年、1992年（平成4）7月には、いよいよミニ新幹線、山形新幹線も開業する。

山形新幹線「つばさ」は東京駅～福島駅間で「やまびこ」と併結運転を行うことになり、この「つばさ」

併結の「やまびこ」用に、200系E編成を組み替えたK編成が登場する。この時点で400系L編成「つばさ」は6両、K編成「やまびこ」は8両だった。

オンリーワンの存在、「F80」編成は、長野オリンピック応援ランナーである。「F17」編成を長野行新幹線用に改造したもので、200系の変種。オリンピックの期間中、臨時「あさま」2〜3往復に使われた。

さて、東北・上越新幹線の開業を担ったE編成が1993年（平成5）までに消え、E1系、E2系、E4系といった新鋭の進出が著しくなった1999年（平成11）、200系のイメージチェンジが始まる。

およそ15年先までの延命工事を施し、客室、外観ともにリニューアルしたK編成が登場する。

とりわけ運転室窓回りのデザイン変更で、見違えるばかりの〝伊達男〟に変身しての出場であった。リニューアルK編成は、2002年（平成14）までに12本が出そろい、東北新幹線（盛岡駅以南）と上越新幹線を走った、

なお、K編成は1997年（平成9）に、8両から10両へ伸びている。

F編成・「F90」〜「F93」編成・H編成はいずれも2004年（平成16）に消滅し、延命のK編成も2013年（平成25）3月に最期の時を迎えている。

Point

H編成の見分け方

H編成の最大の特色は、二階建て車両が編成の中ほどにあるということである。また、先頭車はすべて100系と同様、するどくとがっている。だから、E編成、F編成、G編成などとH編成を見分けるのは容易なのだが、もうひとつ、H編成だけの明確な特徴がある。窓回りの緑色の下に、同じ緑色の細いラインが引いてある。ほかの200系に、この細線はない。駅に停車中の200系をバックにホームで撮影した記念写真に、この細線があれば、それはH編成だ。

100系

新幹線へのわくわくを呼びもどしたハートのエース

①東海道新幹線　山陽新幹線
②ひかり　こだま
③昭和60年（1985）10月1日
④2012年（平成24）年3月16日
⑤1056両
⑥国鉄→JR東海　JR西日本

X0編成（↓X1編成）	9000番台	16両	国鉄（↓JR東海）
G1編成～G4編成（↓X2編成～X5編成）		12両（↓16両）	国鉄（↓JR東海）
X6編成・X7編成		16両	国鉄（↓JR東海）
G1編成～G50編成		16両	JR東海（↓一部JR西日本）
V1編成～V9編成	3000番台	16両	JR西日本
P編成		4両	JR西日本
リニューアルP編成		4両	JR西日本
K編成		6両	JR西日本
リニューアルK編成		6両	JR西日本

上のように九種に分かれる。最終段階でリニューアルK編成の車体色が、100系デビュー時のカラーに戻されており、これをカウントすると一〇種になる。

100系の第一弾は、9000番台「X0」編成である。

昭和60年（1985）3月27日、東京駅～三島駅間において初の公式試運転を行った、この100系9000番台「X0」編成は同年10月1日に営業運転を開始。「ひかり」1往復で東京駅～博多駅間を走るようになった。

そして、車内設備を量産車にそろえる改造を施したうえ、昭和61年（1986）11月ダイヤ改正に際し、「X1」編成に改称している。

100系の量産車4本（「G1」編成～「G4」編成）が12両編成で登場し、「こだま」に使用されたことは、鉄道ファンのあいだでもあまり知られていない。

登場は昭和61年（1986）6月。いわゆる〝国鉄最後のダイヤ改正〟、同年11月ダイヤ改正に際し、二階建て車両を2両連結した16両編成となり、「X2」編成～「X5」編成に改称。

二階建て車両のない12両編成の新造100系が、東海道新幹線「こだま」で走った期間は、4ヵ月そこそこにすぎなかったから、カメラで記録した人は少数にとどまった。

昭和62年（1987）3月には「X6」編成、「X7」編成も落成し、すべてのX編成が、JR東海に継承された。

さて、100系については、次に〝第二次G編成〟が登場するわけだが、二階建て車両2両、そのうち8号車の階下はカフェテリアであったことや、大量50本も製造されたことから、〝第二次G編成〟は存在感がきわだっていた。営業運転の開始は昭和63年（1988）3月である。

そして、平成にはいり、100系は大きくステップアップする。JR西日本のV編成〝グランドひかり〟が1989年（平成元）3月ダイヤ改正でデビュー。

折しも世は「バブル景気」のさなかで、二階建て車両4両、最高時速230キロの大迫力が、東海道新幹線・山陽新幹線の豪華さ、華やかさを、いっそう強く印象づけるところとなった。

なお、V編成は100系3000番台だったことにも注目しておきたい。V編成には〝グランドひかり〟という親しみやすい車両愛称が付けられたので、わざわざ3000番台という呼び方をする人はいなかったが、この後、JR西日本に所属する新型車両は、300系にしろ、700系にしろ、N700系にしろ、923形「T5」編成にしろ、3000番台の車号がつけられていくのである。

関係者のあいだでは、G編成が100ダッシュ系、

岡山駅を発車した新大阪駅行きの100系「こだま」。トレインビューホテルから撮影。

V編成が100N系とも呼ばれたようである。

二階建て車両の構成については、以下のようになっていた。

X編成

8号車

階上＝食堂車客席　／階下＝食堂車厨房

7号車

階上＝開放グリーン席／階下＝グリーン個室

G編成

8号車

階上＝開放グリーン席／階下＝カフェテリア

7号車

階上＝開放グリーン席／階下＝グリーン個室

V編成

8号車

階上＝食堂車客席　／階下＝食堂車厨房

7・9・10号車

階上＝開放グリーン席／階下＝普通指定席

新幹線に個室があったことは、後世に長く語り継がれることだろう。また、V編成階下の普通指定席は〝2&2〟で、防音壁で視界がさえぎられがちであることを配慮して、大型テレビで観光案内などの録画放送が行われた。

G編成7本（「G1」編成～「G7」編成）がJR西日本に譲渡されたことも忘れがちである。1996年（平成8）から翌年にかけて、JR西日本の「ひかり」用0系を淘汰するために、移籍となった。

100系は、その晩年を、脇役に退いてひっそりとすごした。

とりわけ、日本の鉄道の最先端にたって大活躍した100系V編成が、こともあろうに4両編成に縮められ、P編成と改称して「こだま」専用へ変身したことはショッキングな出来事だった。

さらに、6両編成のK編成が登場。

乗ってしまえば、なじんだ100系のようでもあったが、肘掛けの幅がやけに広い〝2&2〟の各駅停車。車内に長距離旅行のにぎわいはすでになく、ゆったりとした客席がかえってわびしさをさそった。

100系の最期は2012年（平成24）3月だった。

Point

X編成の見分け方

「X0」（後に「X1」）編成9000番台と量産車（「X2」編成～「X7」編成）との外観上の大きな違いとして、ヘッドライトの向きを記憶に留めておきたい。「X0」（後に「X1」）編成9000番台のヘッドライト（テールライトにもなる）は、左右外側がつり上がっている。それに対して、量産車（「X2」編成～「X7」編成）は、ほぼ水平になっている。

また、側窓の大きさの違いも注目点である。「X0」（後に「X1」）編成9000番台はいわゆる〝狭窓〟で登場したが、以後の100系はすべて〝広窓〟である。

0系 その1 ——国鉄時代——

今人気再燃の「夢の超特急」

① 東海道新幹線　山陽新幹線
② ひかり　こだま
③ 昭和39年（1964）10月1日
④ 2008年（平成20）11月30日
⑤ 3216両
⑥ 国鉄→JR東海　JR西日本

N編成・R編成・K編成・S編成・H編成・T編成	12両	国鉄
（N編成・R編成・K編成・S編成・H編成・T編成↓）H編成	16両	国鉄（↓JR東海／JR西日本）
（N編成・R編成・K編成・S編成・H編成・T編成↓）S編成	12両	国鉄
（S編成↓）K編成	（12両↓）16両	国鉄
N97編成～N99編成	16両	国鉄（↓JR東海／JR西日本）
（H編成の一部↓）NH編成	16両	国鉄（↓JR東海／JR西日本）
（K編成↓）S編成	（16両↓）12両	国鉄（↓JR東海／JR西日本）
（S編成の一部↓）Sk編成	12両	国鉄（↓JR東海／JR西日本）
R0編成	6両	国鉄
R1編成～R24編成	6両	国鉄（↓JR西日本）

編成記号や一編成の両数を勘案すると、国鉄時代の0系は一〇種に分かれる。

昭和39年（1964）10月の東海道新幹線開業に際し用意された車両は1次車と2次車、合わせて360両（12両編成×30本）で、新幹線電車と呼ばれた。

編成記号はメーカー別に付けられた。

「0系」の呼称が始まるのは、それから10年以上後の昭和55年（1980）である。

メーカー別の編成記号を別々にカウントすると、全体は一五種になる。

昭和45年（１９７０）の日本万国博覧会（大阪万博）に際し、その観客輸送のために12両から16両へ増強して「ひかり」用とした編成が生まれたが、このとき、編成記号はノータッチだった。

昭和46年（１９７１）になって、メーカー別の編成記号がくずれる。１両または2両単位でビュフェ車、

０系に設置されていた洗面台。デッキには冷水器があり、０系では折りたたまれて平たい状態で備えつけられた紙コップがあった。(*)

グリーン車をはじめとする車両の置き換え、すなわち編成の組み換えが、それまでに頻繁に行われたためだ。

16両編成の「ひかり」用に「Ｈ」、12両編成の「こだま」用に「Ｓ」の編成記号が新たに与えられる。そしてその翌年には、「こだま」用も16両編成に増強されて、編成記号が「Ｋ」に変わる。

〝ひかりライン〟が海を渡った昭和50年（１９７５）前後、新幹線電車の勢いはピークに達していたといってよい。

「ひかり」用の全編成が食堂車を昭和49年（１９７４）から翌年にかけて新たに組みこみ、長駆東京駅～博多駅間１０６９・１キロ（実キロ）を、連日駆け回るようになった。ただし、このときも編成記号はノータッチだった。

開業から10年余り、新幹線電車はモーレツな勢いで増備が続いていて、博多駅延伸開業のとき、「Ｈ１」～「Ｈ86」、および「Ｋ１」～「Ｋ47」の１３３本が在籍。オール16両編成。

東海道新幹線は初め、関ヶ原付近での雪害に悩まされた。巻き上げて車両の床下に付着した雪が、平野に下る頃、落下してバラストをはね飛ばした。金網などではね返るバラストによって電車の窓ガラスが破損した。この雪害は、上り列車で顕著に起こった。

近江盆地から濃尾平野にかけてスプリンクラーを線路横に並べ、水をまいて雪を固め，飛散しにくくするとともに、破損した窓ガラスの交換をしやすくしようということで〝小窓車〟が登場する。これが1000番台。

1000番台は、多くの編成にばらばらに組みこまれていた1次車や2次車の取替えに用いられたほか、昭和51年（1976）には、1000番台ばかりを連ねた新造編成3本が登場し、「N97」編成～「N99」編成となった。

また、0系には2000番台の車号が付けられた車両もある。

東北・上越新幹線用の200系E編成にならって、普通車の客席を簡易リクライニングシート、三列シートは〝集団離反型〟として、昭和56年（1981）に登場した車両である。

2000番台はシートピッチも広げたことから、これにあわせて窓が1000番台よりすこしだけ大きくなり、〝中窓車〟などと呼ぶ向きもあった。

2000番台だけで16両をそろえた編成は存在せず、したがって新たな編成記号も生まれていない。

ただし、先頭車を1000番台や2000番台に取り替えた編成については、「N」を付加し、編成記号をNHに変えた。

こうして、昭和62年（1987）4月、国鉄からJR東海およびJR西日本によって、0系のH編成、NH編成、N編成が継承される。

「こだま」用編成については、昭和50年代の末、16両からふたたび12両へ縮められて、編成記号も「S」へ戻った。そして、S編成のなかで先頭車両を1000番台や2000番台に取り替えたものをSk編成と呼ぶようになり、このS編成とSk編成がJR東海、JR西日本によって継承された。

また、山陽新幹線の博多駅～小倉駅間で運転されている「こだま」用に、6両編成の「R0」編成が登場し、昭和60年（1985）6月、営業運転に就く。

R編成は一気に20数本まで増え、JR西日本によって継承される。ちなみに「R0」の記号は、R編成の増備にともない消えている。

以上が、国鉄時代における0系の変遷の概要である。

開業以来微動だにしなかった最高時速210キロ、そして昭和40年（1965）11月以来びくともしなかった東京駅～新大阪駅間3時間10分が、ついに〝国鉄最後のダイヤ改正〟といわれた昭和61年（1986）11月ダイヤ改正で時速220キロへ引き上げられ、東京駅～新大阪駅間は「ひかり」で3時間を切って2時間56分となったことを付け加えておこう。

博多駅を発車した0系「こだま」。トレインビューホテルから撮影。JRになってからも走り続けた。

0系　その2　―ＪＲが発足して以後―

長く現役であるために異色編成も登場

①東海道新幹線　山陽新幹線
②ひかり　こだま
③昭和39年（1964）10月1日
④2008年（平成20）11月30日
⑤3216両
⑥国鉄→ＪＲ東海　ＪＲ西日本

（Ｒ編成→）Ｒ51編成～Ｒ54編成	６両	ＪＲ西日本
（Ｓ・Sk編成→）Ｙ・Yk編成	16両	ＪＲ東海
Ｒ51編成（→Ｑ１編成）	４両	ＪＲ西日本
Ｑ１編成～Ｑ６編成	４両	ＪＲ西日本
Ｒ61編成～Ｒ68編成	６両	ＪＲ西日本
Ｒ61編成～Ｒ68編成（車体色変更編成）	６両	ＪＲ西日本

さて、これより後は、ＪＲが発足してからの０系の動きである。とくに編成記号「Ｒ」がキーワードとなる。つまり「remake」「renewal」が盛んに行われたほか、ＪＲ西日本は０系に延命工事も施した。

まず、ＪＲ西日本で継承した６両編成のＲ編成のうち、４本の客席が〝２＆２〟にグレードアップされ「Ｒ51」～「Ｒ54」へ改番のうえ「ひかり」用となる。そのうちの１本は、昭和62年（１９８７）12月に営業運転に就いた。

そして翌昭和63年（１９８８）３月、「Ｒ51」編成～「Ｒ54」編成は〝ウエストひかり〟を名のって、新大阪駅～博多駅間を走るようになる。

まだ「のぞみ」はもとより〝グランドひかり〟も誕生していなかった時代である。ＪＲ西日本は〝ウエストひかり〟をいちおしの列車として売り出した。

評判は上々で、同昭和63年（１９８８）夏には12両編成の０系Ｓ・Sk編成の一部が〝ウエストひかり〟の応援へまわり、以後はＳ・Sk編成が〝ウエストひかり〟の主力となっていく。

〝ウエストひかり〟用のS・Sk編成は、車体の窓下に細い青帯を一本追加して、特別な列車であることを外観でもアピールした。

年末年始などの多客期には、〝ウエストひかり〟の大混雑が予想されたことから、史上空前の0系併結運転――「6両R編成&6両R編成」という併結運転も敢行されている。事前に連結器の強化などが実施されたという。

『JR時刻表』1990年（平成2）7月号「列車の編成ご案内」を開くと、「ひかり131号」「ひかり144号」（ウエストひかり）の編成図の下に「こだま型6両編成を併結する日があります」との注意書きが見える。

これが、0系「R&R」営業列車である。

片方が〝ウエストひかり〟用で〝2&2〟のR編成（50番台）。これを指定席とし、従来のR編成を自由席として併結したようだ。

新幹線の併結営業運転――その第一号は、「200系&400系」ではなく、「0系&0系」だったのである。

次に、JR東海が継承した0系のうち、12両編成の「こだま」用S・Sk編成は、折からの好景気の波にのって、またしても16両編成へ増強された。これによりY・Yk編成に改称。1989年（平成元）春、営業運転に就いた。

話がだいぶ長くなっているので、ここらでちょっと、コーヒーブレイク。

0系の先端のボンネットのなかに、連結器が収納されていたことはよく知られている。ではほかにどんな機器がはいっていたのか――。

東京駅を発車していくとき先頭の21形は、連結器のほかに無線関係の機器を積んでいた。

最後尾の22形のボンネット内はカラだった。

やがて、東京駅を出ていく0系に、最期の時が訪れる。

ＪＲ東海「ひかり」用のＨ・NH・Ｎ編成——その最期は、１９９４年（平成６）12月２日だった。

ところが、翌１９９５年（平成７）１月、阪神淡路大震災が発生。東海道新幹線・山陽新幹線も、混迷が長く続く。このときNH編成が１本、復帰している。

一方、「こだま」用０系は１９９９年（平成11）９月に最期の日を迎えている。18日、東京駅で行われた「さよなら０系出発式」に見送られ、名古屋駅まで走った「Yk29」編成による「こだま４７３号」が最終列車となった。

これにより、東京駅で０系は、永遠に見られなくなった。

ところで「１００系のほうが０系より先に東京駅から去った」と認識している向きもあるようだが、ＪＲ東海の１００系のうちＸ編成は、１９９９年（平成11）10月１日まで、また、Ｇ編成は２０００年（平成12）秋まで定期列車で働いている。したがって、０系、１００系の順で穏当に役目を終えたというのが事実。

さて、以下は90年代後半から２０００年代にかけてのＪＲ西日本、新大阪駅～博多駅間での０系の話となる。

１００系３０００番台Ｖ編成〝グランドひかり〟や３００系３０００番台Ｆ編成「のぞみ」の活躍、さらに５００系Ｗ編成「のぞみ」の登場にもかかわらず、ＪＲ西日本の０系は、しぶとく生き残っていく。

１９９７年（平成９）３月、NH編成などから適切な車両を取り出して４両編成を組んだ、新「Ｒ51」編成が現れる。続いて「Ｒ52」編成、「Ｒ53」編成もお目見えした。

そして、この４両編成の３本が、同年11月に編成記号を「Ｑ」へ改めるとともに、新たな４両編成も組まれ、翌年初めまでに、Ｑ編成は６本となる。

ＪＲ史上空前のミニ新幹線「こだま」が、クイックク イック、スロースローと山陽新幹線をチョロチョロする時代がやってきたのである。——そういえば「チョロＱ」と呼ばれるおもちゃが、この頃、子供にも大人にも人気だった。新発売は昭和55年（1980）とのこと。

二十世紀最後の年、2000年（平成12）4月、〝ひかりレールスター〟700系7000番台E編成が、登場。

それでもJR西日本の0系は、この後、8年間も走り続ける。

思えば、103系通勤形直流電車が大阪環状線をはじめ関西で、また475系急行形交直流電車が北陸で2014年（平成26）夏現在、まだ働いている。どちらも製造初年は昭和30年代。様々な手を加えながら、大切に使われてきた。

鉄道車両の特性を最大限、引き出そうとするJR西日本のこうした姿勢は高く評価されてよいと思う。

といっても、0系は昭和61年（1986）3月まで製造が続いたのであり、二十一世紀にはいって山陽新幹線を走り続けた0系は、終盤においてつくられた車両である。

さて、12両編成で〝ウエストひかり〟用の0系Sk編成は〝ひかりレールスター〟700系7000番台E編成の登場と相前後して、消えた。

役目を終えた車両の一部を転用して、新たに6両編成の「こだま」用R編成を組成。これが0系7000番台「R61」〜「R66」の6本で、俗に〝ウエストこだまWR編成〟とも呼ばれた。2000年（平成12）春に営業運転に就いている。

この時点で、従来の6両編成「こだま」用R編成も多数、残っていた。

しかし、Q編成は3年余りであっさり消えた。後継の100系P編成が現れている。

その後、R編成（60番台）は2本増えて8本となるが、従来の0系R編成はどんどん減っていく。6両編成の100系K編成が現れた。

2002年（平成14）春、R編成（60番台）のイメージチェンジが図られる。車体色の塗り替えが始まり、8本すべてが2年間で新しいカラーに変わった。

薄いグレーを基調とし、窓回りと車体下部、および上部に黒に近い濃いグレーを配し、中央に明るい黄緑の太いラインを引いた、ＪＲ西日本のオリジナルカラーである。

ちなみに、初期の１００系Ｐ編成と初期の１００系Ｋ編成に対しても、合わせて同様の塗り替えが実施されている。

従来のＲ編成については、車体色の塗り替えは行われていない。

そして、２００６年（平成18）には、従来のＲ編成がすべて消えて、０系７０００番台Ｒ編成（60番台）８本だけが残る。

この頃になると、新幹線にしろ全国の特急にしろ、全車禁煙が常識化していく。２００５年（平成17）の終りには『時刻表』で禁煙マークが見られなくなった。

しかし、山陽新幹線では、遅くまでタバコが吸えた。

０系「こだま」に乗ると、出入り台にまで灰皿が壁に設置されていて、どこか郷愁の漂うのが感じられた。

いよいよ０系の終焉が迫って、一種のイベントというべき、旧カラーへの塗り替えが、３本に対して行われている。

その３本だけが残っていた０系７０００番台Ｒ編成（60番台）も、２００８年（平成20）11月30日限りで、定期運用から退く。ついに０系最期の日が訪れたのだ。

周りを見回せば、東海道新幹線・山陽新幹線は、Ｎ７００系が勢力を伸ばして、７００系や３００系にかげりが見え、１００系Ｐ編成、同Ｋ編成や５００系Ｗ編成も終盤という時代であった。

名残を惜しむファンのために、12月の３日間、特別列車「さよなら０系」が運転されている。

これで０系の誕生からお別れまでのカウントダウンは終わった。

第2章

編成記号で分ける
営業用車両一八系列四八種 &
事業用車両二〇種
——From A to Z

N700系車両を改造して、N700 Aに採用する機能の一部（中央締結ブレーキディスク、地震ブレーキ、定速走行装置、消費電力量削減など）を反映した車両には、小さく「A」の文字がついている。

A編成

国鉄 1000形 1001・1002 試作電車

JR海 955形 〝300X〟高速試験車

国鉄 1000形 1001・1002 試作電車▲

新幹線電車（後に0系と呼ばれるようになる）の試作電車が1000形である。

新幹線車両の原点となった車両がA編成を名のったことは、まことに意義深い。

東海道新幹線の建設は、なにもかも「待ったなし」で進められたわけだが、営業用電車の試作車両はいち早く、開業の2年半前に鴨宮《かものみや》モデル線に迎え入れられている。

すれ違いの試験をしなければならない、しかし費用は限られているということから、1000形は2本に分けて製造された。すなわち「1001・1002」の2両編成、および「1003・1004・1005・1006」の4両編成がつくられ、2両編成のほうがA編成、4両編成のほうがB編成を名のった。

新幹線電車の原型であるだけに、全長25m、車体幅3・4m、車体高さ4mというふうに、1両の寸法は0系のそれにほぼ等しい。

ヘッドライトは1灯式シールドビームで、0系に比べるとだいぶ小さい。ヘッドライトの横に、列車番号を表示するための四角い横長の窓があり、これがすこし古めかしい印象を、私たちが1000形にもつ元になっている。運転室の正面窓も、曲面三枚ガラスで、0系に比べると精悍さに欠ける。ただし、先頭車4両のうちの1両、1006は、0系に近い意匠になっていた。

国鉄は鴨宮モデル線への見学者を拒まず、試乗会も

＊ 見出しに付けた▲印は、廃車となったことを表します。
＊ D編成・I編成・O編成は存在しません。

頻繁に開いたので、1000形の写真はけっこうたくさん残っている。

JR海 955形〝300X〟高速試験車——▲

50年におよぶ新幹線の歴史のなかで空前絶後のスピード記録を達成した車両もA編成である。

1996年（平成8）7月26日、JR東海の高速試験車955形、愛称〝300X〟が、米原駅～京都駅間で打ち立てたスピード記録は、いまだに破られていない。

時速443キロという輝かしい記録。

955形が走り始める5年前に、その名も「300Xプロジェクト」がスタート。東海道新幹線のスピードアップにかけるJR東海の意気ごみには、並々ならぬものがあった。

編成記号を「A」としたところにも、鉄道技術者たちの新たな地平を見すえた固い決意が表れているように感じられる。もしかすると1000形A編成のことが頭にあったのかもしれない。

1990年（平成2）3月
300系9000番台「J0」編成登場。
「300Xプロジェクト」スタート。

1992年（平成4）3月
300系「のぞみ」運転開始。

1995年（平成7）1月
955形〝300X〟の試運転が始まる。

1996年（平成8）7月
〝300X〟が時速443キロをマーク。

名称から勘違いしがちだが、年史は右のようになっており、「300Xプロジェクト」が300系を生んだのではない。このプロジェクトで開発された技術の一部は、700系に生かされている。

「300Xプロジェクト」はあくまでも、二十一世紀における東海道新幹線の進歩のために実施された超高速走行への挑戦実験だったのであって、時速443キロは、二十世紀末の鉄道技術者から次世代の国民への〝ゆずり葉〟なのである。——小学校国語の時間に読む河井酔茗作、口語自由詩「ゆずり葉」。

ちなみにNHKテレビ「プロジェクトX」のスタートは2000年（平成12）3月である。

955形〝300X〟は6両編成。先頭の1号車と6号車は形状が異なり、組み換えも可能となっていた。高速試験は、米原駅～京都駅間の軌道、架線を強化して行われた。

昭和40年代末に超電導磁気浮上式鉄道の開発が始まった頃、粘着方式の鉄道では時速300キロが限界だ——と考えられていた。〝300X〟の新記録達成は、多くの人に「時速440キロを超えて新幹線が走れるのなら、リニアは不要ではないか……」と思わせたのだから、「300Xプロジェクト」は皮肉な結果を生んだものだといえば、いえなくもない。

955形は7年間働いて引退した。米原駅横の鉄道総合技術研究所風洞実験センターの前庭に、先頭車1両が、また名古屋のリニア・鉄道館に、先頭車1両が保存展示されている。

手前から300Ｘ、STAR21、WIN350。2003年（平成15）に米原で撮影。

B編成

国鉄 1000形 1003～1006 試作電車
JR西 700系3000番台

国鉄 1000形 1003～1006 試作電車 ▲

鴨宮モデル線を走ったB編成1004の側窓が六角形だったことはあまり知られていない。真横からアップで撮影した写真が少ないせいかもしれない。

車体が軽くなるよう、試しにX字形の柱構造を採用してみたことから、窓の4角《すみ》を切り欠くことになったのだという。X字形の柱構造、六角形の窓は営業用車両に反映されていない。堅実な方法に落ち着いている。

試作電車B編成は、昭和38年（1963）3月30日、鴨宮モデル線で時速256キロをマークして関係者を喜ばせた。これで最高時速210キロでの営業運転が現実のものとなった。

B編成の車体カラーは、量産車にほぼ等しい。A編成はぜんぜん違うので見分けがつく。A編成の場合、側面の上部と下部に太い濃紺のラインが引かれ、スカートも濃紺。残りの部分は窓回りを含めて明るいクリーム色だ。

東海道新幹線の開業が迫った昭和39年（1964）6月、B編成は浜松工場にはいって、電気と信号関係の検測車、922形「T1」編成に改造され、元祖〝ドクターイエロー〟になっている。

JR西 700系3000番台

JR西日本の700系がB編成を名のる。

「B」の意味は判然としない。「B」で始まる英単語のうち、良いイメージをもつ言葉として「big」や

700系3000番台の先頭車を飾るロゴ文字はけっこう大きい。

「best」「bright」などがあるが……。

700系3000番台は、普通車の座席の色が深い藍色で、印象的だ。「blue」というより「deep blue」である。

また、700系3000番台は、運転室窓下、両側面に、かなり大きく「JR700」の文字を掲出している。これが藍色だ。

それとも「Bが残っているじゃないか」との判断からの命名だったのだろうか。たしかに黎明期の試作電車がB編成と称しただけで「B」は空席だった。

C編成

国鉄 新幹線電車量産先行車
JR海 700系

国鉄 新幹線電車量産先行車

昭和39年（1964）2月にメーカー日本車輌で落成し、鴨宮モデル線へ搬入された車両が、C編成と呼ばれた。この時点で6両の短い編成。

開業まであと3ヵ月という7月1日、川崎市の市ノ坪で最終的なレール締結が行われた。これで、ついに全線515・4キロ（実キロ）におよぶレールがつながり　C編成は7月15日、新幹線車両として初めて東京駅への乗入れを果たした。

ひと目見ようという人たちが沿線に繰り出し、とりわけ、新橋、有楽町、丸の内界隈のビルというビルの屋上や非常階段が、白いシャツ姿の人たちで鈴なりとなった――ことを残された写真が証言する。

あの時から早50年。感慨ひとしおという人も少なくないに違いない。

国民の大きな期待は、関係者にプレッシャーとなったのだろうか。1000形の、布袋様を思わせる丸みを帯びた顔とうって変わって、C編成は眉根を寄せたいかつい顔つきで登場した。

C編成は、10月までに6両を追加し、12両編成の営業用「N1」編成となる。

JR海 700系

JR東海の700系が、編成記号を「C」としている。理由は定かでない。

「clean」「clear」「comfortable」「complete」などの

単語が思い浮かぶが……。

こうした記号として用いられるアルファベットについて、ふつう、関係者から説明が行われることはない。カラスの勝手でしょ？

在来線の電車列車の列車番号に「M」、気動車列車に「D」が付けられてきたことについては、説明されなくてもだれでも納得できる。しかし、たとえば、横須賀線電車の列車番号に付いている「S」や「F」の由来については勝手に想像するしかない。ちなみに『国鉄監修　交通公社の時刻表』横須賀線の欄に、初めて「S」が表れるのは、昭和40年（１９６５）10月号である。当時、横須賀線の電車は〝スカ線〟と一般に呼びならわされていた。

同じ『時刻表』の新幹線のページを開くと、「ひかり」も「こだま」も数字の後に「A」を付けた列車番号となっている。「ひかり」は下りが「1A」～「39A」、上りが「2A」～「40A」、「こだま」は東京駅～新大阪駅間を走りとおす列車が「101A」～「130A」、区間運転の列車が200代の数字に「A」となっている。

今日まで東海道新幹線の列車番号は伝統を堅持し、数字と「A」を組み合わせた記号になっていて、山陽新幹線と九州新幹線もそれにならっている。

700系のヘッドライトは運転席のすぐ下にある。

E編成

国鉄→JR東　200系
JR西　700系7000番台

D編成は今のところ存在しない。アルファベット文字の後に数字を置いて編成記号とするわけで、その際「D」はまぎらわしい。周知のように、編成記号は、ふつう、運転室の正面窓、先頭車の乗務員用ドアーのガラスなどに白色で記されている。

国鉄→JR東　200系 ▲

東北新幹線が開業して「やまびこ」「あおば」が走り始めた昭和57年（1982）6月23日、また、上越新幹線が開業して「あさひ」「とき」が走り始めた同年11月15日、いずれの列車にも12両編成の200系E編成が使われた。東海道新幹線の「ひかり」用H編成、「こだま」用K編成に続いて、E編成が新幹線の仲間に加わったわけだ。

E編成は、軽量化を図り、普通鋼製のH編成やK編成と違い、車体をアルミニウム合金製とした。雪や風を突いて走る車両であることから、出力を増強するとともに耐寒耐雪構造とする必要があり、それにともなう重量増を、車体の軽量化でカバーしたのである。出力増強は上越国境越えのためにも求められた。

主電動機一個の出力差は以下のとおり。

H編成・K編成　185キロワット
E編成　230キロワット

車体（構体）の重量差は以下のとおり。

H編成・K編成22次車　10・5トン
E編成　7・5トン

ちなみに、200系登場の前、国鉄のアルミニウム

E

合金製車両といえば、振子式の特急形381系、地下鉄東西線乗入れ用の301系が存在した。鉄道車両の軽量化は、アルミニウム合金のほかステンレスを用いることでも進められてきた。アルミとステンレスの違いは、アルミのほうが軽く、ステンレスのほうが強く、価格はアルミのほうが高い——と一般にいわれる。

さて、200系の「E」は、その後のE1系、E2系、E3系などにも通じる「east」の意味と見てまちがいあるまい。

「E」といえば、JR東日本の「E電」や「EEきっぷ」の騒動も思い出される。

公共企業体日本国有鉄道の最終盤において、「JR」を「国鉄」二文字に替える言葉として発明した人はそうとうな切れ者と思われるが（JT，JAなどの発足はずっとずっと後のこと）、それまでの首都圏「国電」に替わる言葉を公募したうえ、識者たちを集めての懇談会で、応募総数中20位の「E電」に決めたことは世間の不評を買った。

そのかわりといおうか、JRの発足を記念してJR東日本が発売した「EEきっぷ」は、東日本にときならぬ〝民族大移動〟をもたらした。

昭和62年（1987）5月9日～6月28日の土曜・休日、延べ四三万二千人もの人が、新幹線自由席を含めてのJR東日本、乗り放題を楽しんだ。値段はなんと1万円。

日曜日の夕方、八戸駅の改札口前に長い行列ができ駅弁「八戸小唄寿司」が飛ぶように売れていた光景が目に浮かぶ。

とりわけ観光関係者に喜ばれたことから、同年11月～12月21日、週末をはさむ連続3日間有効、1万5000円で「EEきっぷ」は再登場。その後も「ハートランドフリーきっぷ」「GOGOフリーきっぷ」「ウィークエンドフリーきっぷ」——というふうに名称、通用期間、値段などを変えながら、新幹線自由席も利用できるJR東日本乗り放題の〝トクトクきっぷ〟は連綿と発売が続いた。（192～193ページ参照）

JR西 700系7000番台

JR西日本の700系7000番台〝ひかりレールスター〟がE編成を名のっている。さしずめ「elegance express」といったところだろうか。

登場時、山陽新幹線の沿線で〝ひかりレールスター〟の注目度は高かった。初めの数年間は、いつ乗っても満席だった。四人用コンパートメントや〝2&2〟の指定券は入手困難だった。まさか「non empty」を見こんで「E」としたとも思われないが……。

それまでの〝ウエストひかり〟(12両編成)に替わって走り始めた列車ながら、8両しかつないでいなかったのだから当然といえば当然である。

車体の形状は700系C編成に等しかったが、独自の車体色としたことから「特別な電車」というイメージが広まった。

4号車を〝サイレンス・カー〟としたことも、ユニークだった。もし「ス・」がなければたいへんなことになるが……。

大声を発しながら通路を走りまわる子供を想定したわけではないのだろうが、〝ひかりレールスター〟には「ひかりレールスターかみしばい」もあった。案内のチラシに「江戸時代を舞台に大活躍するレールスターくんにきっとお子様は夢中に」とある。編成中二ヵ所の出入り台に備え「旅指南」と名づけたコンピュータ装置のコンテンツのひとつだった。

ところでJR西日本700系3000番台B編成と同700系7000番台E編成は、どちらが先に登場したか——といえば、E編成のほうが1年半早かった。

“ひかりレールスター”の車体側面には、「Rail Star」「WEST JAPAN RAILWAY」の文字がある。乗務員室にあるドアーには「E編成」を示す白色の文字がある。

F編成

国鉄→JR東　２００系
JR西　３００系３０００番台
JR西　N７００系４０００番台
JR東　E７系

国鉄→JR東　２００系

新幹線電車の編成記号に「F」を用いる理由は明白だ。「fast」「fresh」でまことに的を得ている。

まず、国鉄が、時速２４０キロ運転の「やまびこ」のために用意した２００系をF編成とした。

昭和60年（１９８５）３月14日ダイヤ改正で「やまびこ」は国内最速の時速２４０キロ運転を開始している。東北新幹線が大宮駅から上野駅まで延びたときだ。「新幹線リレー号」でアクセスする必要がなくなったことも相まって、上野駅～仙台駅間、上野駅～盛岡駅間は、ともに「やまびこ」で35分の短縮となっている。まことに「F」を名のるにふさわしい大幅なスピードアップであった。

さらに、２００系「F90」編成～「F93」編成は、上越新幹線で時速２７５キロ運転を１９９０年（平成２）３月に始めた。長岡駅のみ停車の「あさひ」２往復のうち下り２本が、大清水トンネルの下り勾配区間を国内最速の時速２７５キロで突っ走って、東京駅と新潟駅を上り２本より４分短い所要時間で結んでいる。

あさひ1号・同3号　1時間36分
あさひ2号・同4号　1時間40分

後に停車駅は大宮駅のみとなり、１９９８年（平成10）12月ダイヤ改正では、E２系N編成が「あさひ」２往復でも活躍するようになる。しかし、下りの「あさひ」１本は時速２７５キロ運転の２００系F編成のまま残る。

　275キロ運転のF編成が役目を終えたのは、翌1999年（平成11）12月である。4日ダイヤ改正で、途中大宮駅だけ停車の速達列車は1往復に減り、車両はE2系N編成、東京駅〜新潟駅間の所要時間は、下り1時間37分、上り1時間39分となっている。E2系N編成の最高時速は260キロだった。

JR西　300系3000番台

　JR西日本の300系3000番台がF編成を名のった。

「のぞみ」の運転区間が東京駅〜博多駅間に広がり、かつ1時間に1本の運転となった1993年（平成5）3月に300系F編成は営業運転に就いている。

　それから間もない頃、上りの300系「のぞみ」に小倉《こくら》駅から東京駅まで乗る機会に私は恵まれた。新関門トンネルを抜け、山間の農村地帯をいくとき、すさまじいスピードで疾走していることを痛いほど感じた。すこし息苦しかった。時速270キロで地上を走ると「未来がそのまま過去になってしまう」と思った。

　しかし、それから半年ほど後、二回目に乗ったときは、もうそんなに速く感じなかった。

　以来、西日本・九州方面を旅するときの往復には、料金差もあったので、もっぱら100系「ひかり」の自由席を利用した。

　かつて、新幹線に乗って「ありがたいやら、ありがたくないやら」の設備のひとつに、洗面所の三面鏡があった。0系や200系、100系に乗ると、自分の首から上、側面のビューを自分の目で見ることができた。たしかめておきたいやら、見たくないやら……。

　300系は三面鏡をやめ、ふつうの鏡にした。食堂車もなければ、個室もなければ、自由席もなくて、速さだけが自慢の300系。

　名古屋駅から東京駅までの時間を、1993年（平成5）3月時点で比較してみよう。

300系「のぞみ」　1時間36分
100系「ひかり」　1時間53分標準
（ノンストップ便）

スピードの差がそのまま所要時間の大幅な短縮をもたらしている。0系「ひかり」で東京駅～新大阪駅間が3時間10分だった約20年間、名古屋駅から東京駅まで2時間1分だった。

ほんとうに早くなったのである。

しかし、帰京の際の「まだこんなところか……」の落胆は小さくならない。速さの向上が、期待するほど無聊《ぶりょう》の解消につながらない。

早くなればなるほど、目的地への到着を待ち遠しく思う気持ちがつのる。――これこそ、高速走行を使命とし、あくなきスピードアップを追い求め続ける新幹線の宿命なのだろう。

300系F編成の晩年は、注目度が低かった。車体カラーも編成両数もデビュー時のまま、東京駅を始終点とする「ひかり」「こだま」でおもに働いた。

JR西 N700系4000番台――

JR西日本の〝N700A〟がF編成を名のる。

JR東海の〝N700A〟はG編成。

300系や700系でもそうであったように、JR西日本の〝N700A〟はJR東海の〝N700A〟より遅れて登場した。第1編成は以下のように誕生している。

JR東海…〝N700A〟
N700系1000番台「G1」編成
2012年（平成24）8月

JR西日本…〝N700A〟
N700系4000番台「F1」編成
2013年（平成25）11月

〝N700A〟の量産先行車はつくられていない。しかし営業運転開始の半年前に「G1」編成が登場し、各種試験に供された。実質的な量産先行車だったといえよう。

この複雑な車両呼称についていくために以下の基本は早めに頭に入れよう。

N700系――一八種ある系列の一種
N700A――車両愛称

営業運転の開始も以下のようにすこしずれた。

JR東海……G編成（N700系1000番台）
2013年（平成25）2月
JR西日本…F編成（N700系4000番台）
2014年（平成26）2月

700系を淘汰すべく、只今〝N700A〟は、たいへんな勢いで数を増やしつつある。N700系Z編成（JR東海）、N700系N編成（JR西日本）は、もう製造されていない。

Z編成（JR東海）は81本1296両で、また、N編成（JR西日本）は16本256両で打ち止めとなっている。

東海道新幹線は〝N700A〟一種にまもなく統一される。

そして、Z編成はX編成へ、N編成はK編成へ進化しつつある。

Z編成（JR東海）　N編成（JR西日本）
G編成（JR東海）　F編成（JR西日本）
Z編成→X編成　N編成→K編成

N700系の、統一されるとはいっても複雑怪奇なこの六つの呼称を早く覚えたい。呼称が頭にはいっていないと、それぞれの特徴をいえないし、比較もできないではないか。

「Zero」から出発「New」７００系
「Go! Go!」東海「Fure! Fure!」西、エーイッ！
「X'mas」東海「Kingdom」西、小さくエイ
「ゼロ・サン」「セン・ヨ」「ニセン・ゴ」

とでも覚えますか。歴代車両で「３０００」の数字はＪＲ西日本につきものだ。

これで、丸暗記力を試す穴あき問題や線で結ぶ問題が出題されても安心ですね。

JR東 E7系

最新型でありながら地味な電車である。

目新しいことといえば、トイレ、男子トイレ、女子トイレ、車いす対応トイレ（多機能トイレ）というふうに四種のトイレがあって、男子トイレを除きすべてのトイレが温水洗浄便座になったこと。

世の中で大いに普及して久しい、あのウォシュレットの商品名でおなじみの設備が、新幹線でもやっと本格的に導入されたのである。

多機能トイレはオストメイトにも対応。

コンセントが全座席に設置となったことも、Ｅ７系が最初である。窓下の床の近くで緑色の小さなランプが点灯しているほか、前席シートの背面、床近くに黒いコンセントが見える。そのすぐそばに、昔からおなじみの座席回転用ペダル。

背もたれの枕は、上下に20センチほど動かして、個々人の最適の位置に調節できる。

いわゆるハイバックチェアなので、背もたれが目隠しをしてくれて、私の姿は、周りの人の目にはいりにくい。

客室は、うす茶色、こげ茶色、赤茶色、クリーム色など、だいたい土色系にまとめられていて、ひじょうにシック。

こういう電車は、デビュー時のインパクトは小さく

F

ても、いつまでも飽きがこないという利点がある。

３号車と７号車に緑色の公衆電話が置いてある。時代遅れの極致――ではなく、携帯電話を旅行中に紛失した人や、出かけるときに忘れてきた人のための設備なのだろう。

ＪＲ東日本の編成記号は「Ｚ」まできてしまったので、元に戻すしかないが、「Ｅ７系Ｅ編成」にはすこし抵抗があって、次の「Ｆ」を編成記号に採ったのではないだろうか。

そうすると、次の次のＨ編成には、ハイデッカー車両か、二階建て車両が連結される……？

高崎駅～安中榛名駅間を颯爽と走るＥ７系。北陸新幹線が金沢駅まで開業する頃には、Ｅ２系Ｊ編成の姿を見る機会は限られそうだ。(*)

G編成

国鉄 100系
JR海 100系
JR東 200系
JR海 N700系 1000番台

国鉄 100系

73ページにも書いたように、100系の量産車4本が、12両編成、二階建て車両なしで登場し、昭和61年（1986）6月に「こだま」で営業運転を始めた。このとき、編成記号は「G」だった。

そして、この年の秋には二階建て車両を組みこんだ16両フル編成に変身し、編成記号も「X2」～「X5」へ改める。〝国鉄最後のダイヤ改正〟といわれる11月ダイヤ改正で、東京駅～博多駅間の「ひかり」用として、新たな道を歩み始める。

なぜ12両の100系G編成がお目見えしたのか――ということについては、「こだま」用0系の新造が必要とされていた時期だったが、100系「X0」編成が世間で大好評の今日、「今さら0系でもあるまい」という声が部内で出たためらしい。

0系は昭和61年（1986）3月の38次車で製造打ち止めとなっているが、もし100系G編成が生まれなかったら、同年に39次車が出ていたわけだ。

JR海 100系

100系の第三弾ともいうべき、昭和63年（1988）3月登場のJR東海の100系が、ふたたびG編成を名のった。〝第二次G編成〟と呼ぶ向きもある。

昭和63年（1988）初めの時点で100系X編成は出そろっていた。「X0」あらため「X1」、「G1」～「G4」から変身した「X2」～「X5」、そして昭和62年（1987）増備の「X6」「X7」の7本が、二階建て食堂車を営業して東京駅〜博多駅間を毎日ロングランしていた。

G編成は、おもに東京駅〜新大阪駅間で運用する計画で、食堂車はとりやめとなった。8号車の二階建て車両、その階下はカフェテリアとなった。デパ地下の惣菜・弁当売り場を思わせる、テイクアウト方式の“お店”である。

そういえば、東京駅八重洲口の駅ビルには大丸デパートがはいっていて「大丸ほっぺタウン」と名づけた惣菜・弁当売り場が地下にあった。9番ホームから、家族で、食堂車の消えたブルートレインに乗るようなときは、ここで食料・飲み物を仕入れるのがひとつの楽しみだった。

カフェテリアによく似た“お店”が、その後、“YUN《しゃむ》・YUN《しゃむ》”の名で、東海道新幹線の駅という駅のホームにお目見えしたことも思い出される。

100系G編成は最盛期、50本の大所帯となった。1996年（平成8）から翌年にかけて「G1」編成〜「G7」編成が、JR西日本へ譲渡された。JR東海のG編成は2003年（平成15）9月まで、JR西日本のG編成は2004年（平成16）1月まで働いた。

JR東 200系

東海道新幹線・山陽新幹線で、二階建て車両のある100系が人気を博し、急速に勢力を伸ばしつつあった頃、上越新幹線では「とき」の短編成化が粛々と進められた。

200系といえば、東北・上越新幹線の開業を担ったE編成、そして上野駅延伸に合わせて時速240キロ運転を始めた「やまびこ」用F編成——その二種しかまだ存在しなかった時代に、国鉄がバトンをJR東日本へ渡すわけだが、発足直後の昭和62年（1987）4月、JR東日本は需給バランスの適正化に早速、取り組むのである。

12両編成のE編成の一部が10両に縮んで編成記号を「G」に改めた。

このときG編成は7本生まれているが、単純に2両1ユニットを抜き取ってG編成に変わったものは6本である。1本は、抜き取った車両の一部を受け入れたり、改造車を組みこんだりして、新たな編成を組んだ。

10両へ縮めてもまだ空席が目立ったようで、翌昭和63年（1988）3月ダイヤ改正でG編成は、さらに縮んで8両になる。しかし、このとき編成記号の改称は行われていない。手が回らなかったのだろう。

本数は1本増えて8本となり、そのうちの1本はグリーン車の改造が行われ、1両の半分がグリーン席、半分が普通席に変わっている。

JR海 N700系1000番台

JR東海のN700系1000番台〝N700A〟がG編成を名のる。

JR西日本の〝N700A〟はN700系4000番台F編成。

GOGO東海！ FureFure西！

複雑化する一方の現代機械文明にならったのか、新幹線車両の呼称も、ひと筋縄ではいかなくなっている。

カードを所持し、パスワードとIDを記憶していないと新幹線に乗れない――などという時代がこないことを祈る。

カードで思い出したが、JR東海とJR西日本が「JR東海エクスプレス・カード」「JR西日本J-WESTカード（エクスプレス）」と名づけた指定券類ネット予約の会員制システムをつくっていて、新幹線車内の文字放送でも「お得です」と宣伝している。

どのくらい「お得」なのか調べてみたら、たとえば東京駅～新大阪駅間を6往復して貯めたポイントで、グリーン料金が一回分、無料になる――とのこと。

航空界には「介護帰省サービス」があるが、値段が新幹線とあまり変わらない。そのせいなのか、鉄道会社はビジネス・リピーターの実態にばかり目を向ける傾向があるように思う。

１９９０年代から２０００年代にかけて、新幹線車両はバラエティに富み、子供にもママにも親しかった。２０１０年代にはいって、こと東海道新幹線に限れば０系一色の時代へ逆戻り……。そんな気がするのは私だけだろうか。

もちろん、鉄道会社が収益力強化を目ざすためには統一、画一化という方向がひとつあるのだろう。ただし、世論の轟々たる非難を浴びていた国鉄が、１００系を送り出して一矢報いたことや、孤高のランナー、５００系が、鉄道愛好家の高い評価を得てきたことも忘れてはなるまい。オンリーワンに近いスペシャル編成をまぜることの意義……。

N700系1000番台〝N700A〟「G５」編成を示す、乗務員室横の窓にある白い文字。

H編成

国鉄➡JR海・JR西 新幹線電車➡0系
JR東 200系

国鉄➡JR海・JR西 新幹線電車➡0系 ――▲

開業当初、新幹線電車の編成記号はメーカー別に付けられた。

昭和30年代は、国鉄がメーカーに、部分的に独自色を認めた時代である。

たとえば、寝台特急用固定編成客車の第一号、20系のナロネ20形、ナロネ22形などは、日立製作所と日本車輛の〝競作〟となり、車内設備が微妙に異なっていて、それが外観にも表れている。

新幹線電車は初め五社が製造し、後に一社が加わって六社になった。メーカー別に編成記号を付けておけば、国鉄としても管理がしやすかったのだろう。

ところが、昭和40年代にはいると、1両単位または2両単位で編成を組み換える必要がたびたび生じて、編成記号が実態とくいちがってきた。

そこで、実態に即して、編成を「ひかり」用と「こだま」用で識別することになり、「H」と「S」の編成記号が生まれる。岡山駅までの延伸が近づいていた昭和46年（1971）12月のことである。

その後、「ひかり」用編成のうち、先頭車を新型の1000番台または2000番台に取り替えた編成は、「NH」を名のる。

今日、新幹線車両ともなると、どこの工場においても設計図どおりにプレス・アウトされるのであって、会社の数も限られているのだから、車両ごとにメーカー名を明らかにする意味は薄いと、私は思う。

JR東

200系

二階建て車両を組みこんだ200系がH編成を名のった意味はわかりやすい。

二階建て車両は、ふつうダブルデッカーと呼ばれるから「D」とすべきだったのかもしれないが、93ページにも書いたように「D」は「0」や「O」と混同しやすいので「High」の「H」としたのであろう。

「D」といえば、E1系M編成が、試運転の段階で「DDS」の文字を側面に掲出していたことも思い出される。いうまでもなく「Double Decker Shinkansen」の略であった。

『時刻表』1990年（平成2）7月号を開くと、13両編成の200系、その7号車が一階建て車両で、階上は開放グリーン席、階下はひとり用とふたり用のグリーン個室、および四人用の普通個室になっていて、「やまびこ」上り10本、下り12本のほか「あおば」1往復に使われていることがわかる。

『時刻表』1991年（平成3）3月号では、16両編成、二階建て車両2両に成長しており、新たに加わった二階建て車両の階上は開放グリーン席、階下はカフェテリアになっている。使用列車は「やまびこ」9往復。

『時刻表』巻頭の新幹線のページに「二階建て・グリーン個室」のマークがあふれていて楽しい。

しかし、普通個室は敬遠されたのか、飽きられたのか、「やまびこ個室・特別ファミリーきっぷ」をJR東日本は新発売している。利用期間は1995年（平成7）12月15日〜翌年1月15日の1日。そして、この年の夏には『やまびこ個室料金きっぷ」をJR東日本は新発売している。宣伝チラシに、たとえば東京駅〜盛岡駅間片道で、ふつうの普通車指定席のきっぷを買うより「ひとりあたり2770円もおトク」とある。利用期間は1996年（平成8）〜翌年3月31日の1日だった。（8月旧盆と年末年始を除く）。

J編成

JR海　３００系
JR東　E２系

「I」は「１」とまちがいやすいので、まだ編成記号に使われていない。

JR海　３００系 ▲

J編成はJR東海とJR東日本にあるが、先に名のったのは、JR東海の３００系である。「ジャパン・アズ・ナンバーワン」がイメージされたのかもしれない。

３００系の胸に輝く日の丸が、世界の高速鉄道レースにおいて、先頭集団のなかでよく目につくようになった。

日本の鉄道がマークすべきライバルの筆頭は、なんといってもフランスのTGVだった。パリ〜リヨン間に、シンカンセンのはるか上をいく最高時速２６０キロで、昭和56年（１９８１）年9月、デビュー。

２年後の昭和58年（１９８３）には、涼しい顔をして時速２７０キロにスピードアップした。

その頃、シンカンセンの最高時速は、東海道新幹線開業時の２１０キロのままで、フランスに大きく水をあけられてしまったのである。

レースはその後、以下のように推移した。

昭和60年（１９８５）３月　２００系F編成「やまびこ」による時速２４０キロ運転始まる。

１９８９年（平成元）９月　フランスのTGV大西洋線が開業。最高時速３００キロ。

１９９０年（平成２）３月　２００系「F90」〜

「F93」編成による瞬間的な時速275キロ運転始まる。

300系9000番台「J0」編成登場。

1992年（平成4）3月　300系J編成が東海道新幹線で営業運転を始める。最高時速270キロ。

1993年（平成5）最高時速300キロのTGV北ヨーロッパ線が開業。

90年代半ばの時点でトップグループの顔ぶれをチェックしてみると――スパートして、するすると抜け出したフランスのTGV、ユーロトンネルのスター＝ユーロスター、それを追うドイツのICE、スペインのAVE、イタリアのETR、そして日本の300系が第二集団だ。

シンカンセンは、300系「のぞみ」のおかげで、やっと時速200キロ台前半から後半の世界へ飛躍して、トップランナーの背中が見えるところまで迫ったが、フランスではすでに時速300キロがあたりまえになっていたのである。

思えば、日本は、時速240キロ運転の200系F編成「やまびこ」運転開始の頃に「バブル景気」を迎え、大清水トンネル内での下り「あさひ」時速275キロ運転開始の頃が「バブル絶頂期」、そして時速270キロ運転の300系J編成「のぞみ」運転開始で、「ジャパン・アズ・ナンバーワン」の可能性が残された。

JR東　E2系

鉄道車両に関して「陳腐化」という言葉がしばしば用いられるけれど、たいへん衝撃的なデビューを飾り、しかも輝きがいつまでも色あせることなく続き、インテリア、エクステリアともにデザインの変更など、まったく必要ない――という名車もときどき現れる。

新幹線車両では、Ｅ２系が、その最たるものといえるであろう。とりわけ、８両から10両へ編成を伸ばし帯の色を濃い赤からピンクへ変え「はやて」用となったＪ編成が美しいと、私は思う。

さらにいえば、屋根上の無骨なパンタグラフカバーをやめ、シングルアーム式のパンタグラフをむき出しにして走るＥ２系Ｊ編成１０００番台は名車中の名車だと思う。

最新鋭Ｅ５系が大量増備され、２０１４年（平成26）早春のダイヤ改正で、Ｅ２系のＪ編成は影はすっかり薄くなるとともに、「はやて」を名のる列車も数えるほどになってしまった。

しかし、これからもＥ３系Ｌ編成「つばさ」を福島駅で分割併合し、仙台駅を始終点とする「やまびこ」や、上越新幹線「とき」「たにがわ」などで、Ｅ２系Ｊ編成の流麗な姿は輝き続けることだろう。

蛇足ながら、在来線の６５１系「スーパーひたち」や２５３系「成田エクスプレス」、２５５系〝Ｂｏｓｏ View Express〟、８８５系〝白いかもめ〟なども寿命がきたら、同型車両の増備で置き換えていくことが望まれた（望まれる）車両といえるのではないだろうか。

確立したイメージを、利用者の高い評価に応えて大切にする鉄道会社——京急、阪急の見識を思い出して、「陳腐化」という言葉の使用には慎重でありたいものだ。

Ｅ２系は、東北、上越、長野の、すべてのＪＲ東日本のフル規格新幹線で見ることができた車両だったが、Ｅ５系やＥ７系の登場により、勢力が弱まっている。

K編成

国鉄　新幹線電車⬇0系
JR東　200系
JR西　100系
JR西　N700系5000番台

国鉄　新幹線電車⬇0系▲

　H編成のページでも述べたように、昭和46年（1971）、新幹線電車が、それまでのメーカー別の編成記号をやめ、用途別に編成記号を改めた。

　この時点で「こだま」用は12両編成、「ひかり」用は16両編成だった。そこで、「ひかり」用はH編成、「こだま」用はS編成となった。「short」を意味することは明らかだ。

　次いで、岡山駅までの延伸後、「こだま」用編成も昭和47年（1972）秋から同48年（1973）春にかけて16両に増強され、編成記号が「K」に変わった。「kodama」を意味することは明らかだ。

　博多駅延伸の時点で、H編成は86本、K編成は47本を数える。

　0系「こだま」16両編成の時代は10年余り続いた。昭和59年（1984）春から翌60年（1985）にかけて、利用者減に合わせて12両編成に縮められる。編成記号「K」を返上して、「S」「Sk」となる。やはり「short」のほうが似合っていたのかもしれない。

「Sk」は、先頭車が1000番台または2000番台の車両であることを表す。

　この0系12両編成のS編成、Sk編成がJR東海およびJR西日本に継承されるわけだが、折からの好景気到来による利用者増を受けて、JR東海の0系はふたたび16両に増強され、編成記号を「Y」「Yk」に改める。1989年（平成元）春のことである。

「こだま」用の編成は、リクライニングシートへの取り替えが進まず、号車によっては、開業時のスタイルを伝える、転換式クロスシートが1990年代にはいっても見られたことを思い出す。

　青梅鉄道公園に保存展示されている0系にしても、K編成の1本として活躍した編成の先頭車であり、車内には、グレーとブルーのモケットも懐かしいクラシックなシートが並んでいる。

JR東　200系

　ミニ新幹線、山形新幹線の開業、400系「つばさ」の運転開始が1992年（平成4）7月1日。

　このとき、400系とのジョイント運転用に200系K編成がお目見えした。

　E編成を8両に組み替えるとともに、分割併合装置を追加した改造編成である。

　ナゼ、「K」としたのか？

　200系の編成記号はE・F・G・Hと推移していた。次は「J」だ。

　しかし、JR東海の300系先行試作車が「J0」編成を名のって1990年（平成2）3月に登場していた。200系の改造車では、これとの対抗馬の役は重すぎる。「J」を飛ばして「K」としよう。合体して走る400系は、次の「L」だ。――このような会話がJR東日本の社内でかわされたことが想像される。

　上り「やまびこ」の場合、福島駅14番線に先に着いて「つばさ」を待つ。最後尾の222形（8号車）運転台に設けられたスイッチを押すことで、鼻先の下に

200系はリニューアルの際、車体の塗装も変更された。同じ路線を走るE2系の塗装を意識しているが、200系なので緑のラインも入っている。

設けられた四角い口が開いて、電気連結器・密着連結器がせり出してくる。同時に、連結器とライトの間にふたつ設けられている測距センサーの丸い小さなカバーが開く。

同様に、カバーを開き、連結器と測距センサーをむき出しにした400系がそろりそろりと近づいてくる。ドッキングは自動的に行われた。

200系K編成は、秋田新幹線開業後、E3系とも併結運転を行うようになる。このとき10両編成に増強された。

そして、1999年(平成11)に、リニューアル改造が始まる。2002年(平成14)までに、外観、車内とも大きくイメージを変えたリニューアルK編成が、12本登場した。

このリニューアルK編成が、晩年はおもに上越新幹線を守備範囲とし、2013年(平成25)3月、200系を代表して有終の美を飾ったのである。

JR西 100系

6両編成に改造された100系が、K編成を名のった。「Kodama」用であることを表したものと思われる。

第1編成の営業運転開始は2002年(平成14)2月。

山陽新幹線「こだま」用の100系改造編成は、同じ頃に4両編成のP編成が登場している。運転開始はP編成のほうが1年半ほど早い。

P編成は都合12本、K編成は10本つくられた。

役目を終えた100系3000番台V編成〝グランドひかり〟がP編成やK編成に生まれ変わったのだが、V編成は9本しかつくられておらず、P編成・K編成あわせて22本の先頭車を賄うことは不可能だった。

JR東海から100系G編成を7本、JR西日本が譲り受けたのは、その不足分を補う目的もあったらしい。

K編成が営業運転に就いた年の夏には、リニューアルが始まる。車体色を改めるとともに、客室を〝2&2〟に一新した。V編成二階建て車両の階下から座席を持ちこんだほか、0系〝ウエストひかり〟からも転用したという。さらに、V編成やG編成のグリーン車にも手をつけたのだそうだ。

そういえば、昭和40年代には、山陽本線を走る80系電車が、「サロ85形改造のサハ85形をさらに先頭車化改造したクハ85形」をつないでいて、客室には1等車時代のふかふかシートが枕カバーを付けずに並んでいたことも思い出される。

100系リニューアルK編成の一部が2008年(平成20)に車体をいわゆる国鉄色に戻したことは記憶に新しい。100系リニューアルK編成は2012年(平成24)3月16日限りで役目を終え、100系の歴史にピリオドを打った。

JR西 N700系5000番台

JR西日本のN700系5000番台がK編成を名のる。

N700系3000番台N編成に、N700系4000番台F編成〝N700A〟の機能を追加した改造編成が5000番台である。地震ブレーキや定速走行機能が追加されている。

N700系3000番台N編成は、そのすべてが早晩、N700系5000番台K編成に改造されるといわれている、

以下は、5000番台K系編成に限ったことではないが、N700系の場合、客室端の文字放送が目ざわりだ。スペースが広くて文字が大きいので、いやでも目にはいる。乗客全員に不可欠の情報だけが流されるのではなく企業広告や知りたくもないニュースが間断なくおしつけられる。もしタクシーに同じような装置があれば、たいていの乗客が「運転手さん、これ消してくれない」と頼むだろう。

L 編成

- JR東 400系
- JR東 E3系1000番台
- JR東 E3系2000番台

JR東 400系

200系K編成とともに営業運転に就いた「つばさ」用400系がL編成を名のった。アルファベットの「K」の次が「L」だ。もちろん、400系先行試作車のほうが200系K編成より先に生まれているが、先行試作車の編成記号は「S4」だ。

東京駅を出ていくとき、400系が前、200系K編成が後ろ。したがって、400系は分割併合装置を東京駅方の先頭車にだけ備えている。

400系のジョイント運転の相手は、後にE4系に替わった。

400系は在来線サイズの車両だっただけに、0系や200系のようなだだっ広さを感じさせず、こぢんまりとした車内に高級感が漂っていたように思う。出入り台から客室にかけての空間の照明、色あいもハイグレードだった。スキー板の置き場が旅情を誘った。

400系『つばさ』は、とりわけ沿線の人たちの心をつかみ、ほどなくして編成両数が6両から7両へ増強されたし、新庄駅までの延伸も決まった。

JR東 E3系1000番台

400系が山形新幹線を走り始めて後に生まれ出た新型車両を列記すると——E1系、E2系、E3系、さらに500系、E4系、700系。

そして、山形新幹線が新庄駅まで延伸する。

このとき、存在感を増す「つばさ」のために、E3系1000番台L編成、2本がつくられた。1999年（平成11）12月4日に、山形新幹線は新庄駅まで延びた。

思えば、この頃が、新幹線の第三次絶頂期だったのかもしれない。

第一次絶頂期は東海道新幹線開業の頃、第二次は、100系三種が出そろう1989年（平成元）。

第三次絶頂期を迎え、新幹線は博多駅、長野駅、新潟駅、新庄駅、盛岡駅、秋田駅まで達していた。全国をまたにかけて毎日忙しく働く新幹線車両は、なんと一一系列、およそ3800両にのぼっていた。

0系や200系もまだ元気だったのであり、現在二〇歳くらいから上の人たちは果報者だ。新幹線全一八系列のウォッチングを楽しめているのだから。

山形新幹線が新庄駅まで延伸した12月、世の中は〝Y2K〟で揺れていたことが思い出される。

〝Y2K〟とは、「year 2キロ＝2000年」の略で、内閣総理大臣小渕恵三名で、以下のような呼びかけが新聞に出た。

――いよいよ2000年まで残すところ、あと6日となりました。大きな混乱は起こらないと考えますが、万一の場合への備えが重要です。●防災用の2～3日分の食料・飲料水の備蓄の確認はされましたか。●預貯金情報などの重要な記録の保持・点検はお済ですか。いつもの年末とちょっと違った準備をお願いします。

JR東 E3系2000番台

二十一世紀にはいって生まれた新型車両を列記すると――800系、N700系、E5系、E6系、E7系、W7系、そしてH5系。

E3系2000番台は、系列としては新型ではないが、登場は2008年（平成20）で、ピカピカ世代の一員である。800系やN700系よりも新しい。

Ｅ３系２０００番台は、Ｅ２系１０００番台「Ｊ70」編成～「Ｊ75」編成とともに、グリーン車だけでなく、普通車の荷棚下部に読書灯を備えている。また、Ｅ３系２０００番台および１０００番台は、出入り台に姿見の鏡を備えている。

「つばさ」用のＥ３系は、２０１４年（平成26）春、山形県知事の提案を受けて、一部の編成が車体色を一新した。

その必要がほんとうにあったのかどうか……。

山形の「県鳥・おしどり」と「県花・紅花」をモチーフにしたデザインとのことで、たしかに、顔の雰囲気は鳥そのものに変わった。

４００系の取替え用につくられたＥ３系２０００番台と、新庄駅延伸で登場したＥ３系１０００番台が、ともに４００系の編成記号を受け継いでＬ編成を名のっていることは、だれもが納得できる。

L

Ｅ３系は、登場時は秋田新幹線「こまち」用の車両だったが、後に山形新幹線にも走るようになった。秋田新幹線も山形新幹線もともに新在直通のミニ新幹線だが、これ以降にミニ新幹線が開業する予定はない。写真は2000番台。

Ｍ編成——JR東 Ｅ１系

JR東 Ｅ１系 ▲

４００系Ｌ編成が営業運転に就いて２年後、Ｅ１系が誕生した。

編成記号が「Ｌ」から「Ｍ」へみごとにつながるとともに、Ｅ１系の愛称〝Ｍａｘ〟とも連動した。〝Ｍａｘ〟は「Multi Amenity eXpress」の略だという。「Ｍ」は古代の巨象「mammoth」も連想させてオール二階建てのＥ１系にまことにふさわしい編成記号だ。

同世代の二階建て車両に、ＪＲ東日本の２１５系、同クハ４１５形１９００番台、そして２００形Ｈ編成があり、Ｅ１系Ｍ編成は、出るべくして出たという印象であった。

ところで、「Ｅ１系」に読みがなを添えるなら、どうなるか――。

「イーいちけい」とばかり思っていたら、子供向け写真絵本のひとつが「イーワンけい」としていて、これを初めて目にしたとき、たいそう驚かされた。冗談か……とも思った。私にとっては晴天の霹靂《へきれき》だった。

秋田新幹線の開業が近づいて、試運転を始めたＥ３系の写真撮影で仙台総合車両所を訪れる機会に恵まれた。応対してくださった技術者にたずねたところ、たしかに仙台総合車両所では「イーワンけい」「イーツーけい」「イースリーけい」と呼んでいるとのこと。

そんな……。

「じゃあ、これから先も、イーフォーけい、イーファイブけい、イーシックスけい……と呼んでいくんです

新幹線で初めて、編成中の車両がすべて2階建てで造られたのが、E1系だ。通勤区間でたくさんの客を運ぶという需要にこたえるためとはいえ、3列＋3列シートには驚かされた。

か……？」

「そういうことは、本社広報に聞いてください」

かようなことで電話をかけるのも気がひけて、この問いの答えは、まだ私のなかでは出ていない。

『鉄道車両 呼び方小辞典 オフィシャル』の刊行が待たれる。

Ｅ1系といえば、出入り台のあちこちに「姿見の鏡」がはりつけてあったことも。書き加えておきたい。「FREX」（新幹線定期券）「FREXパル」（学生向け新幹線定期券）を使って利用する人がひじょうに多いことを想定した、きめ細かなサービス設備だった。

なお、自由席車両階上席の折りたたみ式肘掛けは、Ｅ1系だけが装備していて、Ｅ4系にはない。

N編成

国鉄 新幹線電車
国鉄→JR海 新幹線電車1000番台→0系1000番台
JR東 E2系
JR西 N700系3000番台

国鉄 新幹線電車 ——▲

東海道新幹線の開業を担った新幹線電車（後に0系と呼ばれるようになる）は、まずメーカーごとに編成記号が与えられた。

N編成＝日本車輌東京支店
R編成＝川崎車輌本社（神戸市）
K編成＝汽車会社東京製作所
S編成＝近畿車輌本社（大阪市）
H編成＝日立製作所笠戸工場

鴨宮モデル線に、昭和39年（1964）2月にお目見えし、7月に東京駅一番乗りを果たした6両編成の量産先行車C編成は日本車輌製。開業までに12両編成となり、「N1」編成に改称した。

量産先行車C編成6両の2月の回送は、埼玉県川口市にあった日本車輌の蕨《わらび》工場から、2両ずつ三回に分けて行われている。C10形電気機関車が牽引し、都心、品鶴貨物線経由で鴨宮に到着。建屋へは、C11形蒸気機関車が押しこんでいる。

10月1日の開業は、1次車と2次車、合わせて360両（12両編成×30本）で迎える。

すなわち、「N1」～「N6」、「R1」～「R6」、「K1」～「K6」、「S1」～「S6」、「H1」～「H6」の五社各12両編成、6本ずつが顔をそろえたのである。

遺憾ながら「R」と「S」の意味するところは定か

でない。

なお、昭和42年（1967）の6次車から、東急車輌が新幹線電車のメーカーに加わる。編成記号は「T」。

※新幹線電車のメーカー別の編成記号についての解説は、N編成のページで集約した。第2章のR編成・K編成・S編成・H編成・T編成のページではふれていない。

国鉄➡JR海　新幹線電車1000番台➡0系1000番台

時は下って、昭和47年（1972）の岡山駅延伸を前にした12次車より、新幹線電車のメーカー別の編成記号はとりやめとなって、「ひかり」用がH編成、「こだま」用がS編成となる。

その5年後の22次車で、「N97」編成〜「N99」編成が生まれる。

この「N」は「new」を表すものと思われる。

新幹線電車のいわゆる〝小窓車〟が1000番台の車号で区別されているが、その〝小窓車〟1000番台を前から後ろまでズラリと連ねた編成がN編成を名のった。といっても「N97」〜「N99」の3本だけという、「ひかり」用の異色——だから貴重な編成。

この頃から、開業を担った1次車、2次車を皮切りに初期の新幹線電車が廃車となっていく。

そして、先頭車を1000番台に取り替えた編成が「H」から「NH」へ編成記号を改めていく。

JRに継承された0系（元新幹線電車）N編成は1994年（平成6）まで在籍した。

JR東　E2系

長野行新幹線向けのE2系がN編成を名のって登場した。

「nagano」を表すものと思ってまちがいあるまい。

これでJR東日本の新幹線営業用車両は、「E」から「N」までほぼ登場順に並ぶことになり、まことにわかりやすい。編成記号と車両外観を結びつけて頭に入れておけば、JR東日本の新幹線営業用車両の変遷を、すらすらと口にすることができる。「I」を飛ばし、「J」を温存しただけ……。

いや、「R」の存在が不可解……。これについては130〜131ページで詳説する。

E2系N編成を語るついでに、高崎駅から約3・3キロにわたって、(長野行新幹線↓)長野新幹線(↓北陸新幹線)は上越新幹線と下り線を共用している——ということを付け加えておこう。

上越新幹線下り線から長野新幹線下り線への分岐部をE2系は時速160キロで通過する、日本鉄道建設公団、鉄道技術総合研究所、JR東日本が共同で開発した「38番分岐器」という日本初の高速分岐器が設置されている。分岐後38メートル先で上越新幹線と1メートル離れることから、「38番分岐器」と称するのだそうだ。

ちなみに、北陸新幹線の上り線は、上越新幹線の上り線および下り線をまたいだ後、上越新幹線と並行して高崎駅へ至る。当初の計画では、下り線も分岐部まで上越新幹線と並行し、高崎駅〜分岐部間は4線並列とされていた。しかし、工事費節減で高速分岐器の開発となったという。

余談ながら、高崎駅界隈にあるビジネスホテルは、予想に反して数が多い。したがって安いホテルも多い。鉄道があれだけ集中していると、終電近くに東京や横浜などの自宅に帰宅できないものの、明日朝の出社は可能という人が飛びこむのかもしれない。

JR西 N700系3000番台

「700系の進化系、発展系であることから、『ニュー700系』、『ネクスト700系』の意味を込めN700系としている」と、JR西日本の担当者が月刊鉄道雑誌で解説している。——これはN700系の頭に付いている「N」のことであるが、編成記号の「N」

も同じだとみてよいだろう。

外観、機能などの点で、ＪＲ東海のＮ７００系Ｚ編成とＪＲ西日本のＮ７００系３０００番台Ｎ編成に、違いはない。

なお、２０１５年（平成27）年春に予定されている東海道新幹線における時速２８５キロへの最高時速引き上げで、Ｎ編成およびＺ編成は対象車両にならない模様。Ｚ編成はＸ編成へ、Ｎ編成はＫ編成へ、すべて改造していくことが決まっているからだろう。

N700系3000番台Ｎ編成の編成記号。「Ｎ８」編成であることがわかる。

N

Ｏ編成は存在しない。アルファベット「Ｏ」は数字の「０」と識別しにくいためだと思われる。

Ｐ編成

JR西 １００系
JR東 Ｅ４系

JR西 １００系

Ｐ編成は、ＪＲ西日本とＪＲ東日本がつくった。

ＪＲ西日本は90年代の末期、１００系を二種、有していた。３０００番台Ｖ編成〝グランドひかり〟と、ＪＲ東海から譲り受けたＧ編成である。「ひかり」での役目を終えた後、これらの車両が、４両編成のＰ編成と、６両編成のＫ編成に変身している。「こだま」専用となり、余生を送った。

１００系Ｐ編成の営業運転開始は、２０００年（平成12）10月。そして、２００５年（平成17）までに12本組成された。

ナゼ「Ｐ」なのか？

「適した」「ふさわしい」の「proper」にこじつけたのか、それとも単に空席だったゆえの「pick up」なのか……。

１００系「Ｐ１」編成〜「Ｐ６」編成は後に新しい車体色に塗り変えられた。薄いグレーをベースにして、窓回りは黒に近いグレー、その下に黄緑色の太いラインを引いた独特のカラーに、２００２年（平成14）から２００４年（平成16）にかけて変えられた。「Ｐ７」編成〜「Ｐ12」編成は初めから新塗色で登場した。

１００系「Ｐ１」編成〜「Ｐ３」編成は、客席を

〝2&2〟へ2002年（平成14）にリニューアルした。「P4」編成〜「P12」編成は初めから〝2&2〟で登場した。

JR東 E4系

JR東日本の「P」は、「E」〜「N」の先にあったから使ったものと見てまちがいあるまい。

横から見ると「powerful」だが、超望遠レンズで前から撮影した写真は、E4系の個性を損ねているように思う。最近のE5系やE6系、E7系、W7系も同様。

斜め上からE4系を見ると、愛嬌のある何かの動物のようだが、正面から見ると……。

四角い箱形の在来線車両ならいざ知らず、新幹線車両には、明確に顔がある。その顔をデザインするに際しては、慎重のうえにも慎重な検討が行われてきたはずだ。

P

車種が一八系列にもおよんでくると、好評を博した名車の継承あるいは復活が考えられてもいいのではないだろうか。

構造や性能、接客設備などについては、レベルアップを目ざすのが当然だが、こと外観のデザインとなると、前例を超越した優秀作品が限りなく生み出されていくとは考えにくい。

せっかくの長い鼻も超望遠レンズでつぶしてしまうと……に関連して、歴代新幹線車両の長さ比べをしてみることにしよう。

N700系・700系	404・7メートル
500系	404・0メートル
E4系（8両&8両）	402・8メートル
200系H編成	402・1メートル
E5系&E6系	401・65メートル

E4系P編成が16両編成を組むと、定員が、高速列

Ｅ４系の編成記号。「Ｐ51」編成であることがわかる。

車のなかでは世界一——ということはよく語られてきたが、実は、長さでもトップクラスだったことがわかる。

周知のように、新幹線車両の中間車は全長が25・0メートル。したがって、編成の長さのいかんは先頭車の鼻先の長さがものをいう。

ちなみに全長とは、側面図で見て、隣の車両の連結器と自車の連結器との連結面から、反対側の隣の車両と自車との、同様の面までをいう。

さて、終わりにひと言。Ｅ4系の帯色変更編成においてグリーン車のシートの形状は、Ｅ6系「こまち」普通車のシート形状と酷似している。最新「こまち」の普通車シートはグリーン車並みにレベルアップした——というべきなのだろう。それとも……。

Q編成

JR西 0系

JR西 0系 ▲

4両編成で「こだま」専用の0系が、Q編成を名乗った。0系の変種だから「Q」としたのか、それとも「quick」を意味するのか……。

いずれにしても4両とは、ただならぬ短さだ。16両の四分の一。——そうすると「quarter」の意味かもしれない。いや、きっとそうだろう。

0系の4両編成は、実は、Q編成の前にも1本あった。

0系Q編成の登場は1997年（平成9）11月。

その年の3月に0系4両の「R51」編成が営業運転に就いていた。

この「R51」編成が「Q1」に編成記号を改めて、新しく組成された「Q2」編成～「Q6」編成とともに、1997年（平成9）11月より、広島駅以西を走るようになるのである。

さすがに存在感が薄く、駅では到着前に、ホームの中ほどにしか停車しないことが繰り返し放送されていたことを思い出す。

九州の博多駅～小倉駅間だけを走る「こだま」は、最近ずいぶん減っている。2014年（平成26）3月ダイヤ改正では4往復しか運転されていない。1997年（平成9）11月号の『時刻表』を開くと、14往復を数えることができる。Q編成が6本も生まれた理由は、ここにある。

0系Q編成は4年間ほど働いて、100系P編成に後を託し、引退した。

R編成

国鉄→JR西 0系
JR東 E3系
JR九 N700系8000番台

国鉄→JR西 0系

0系のR編成といっても、いろいろある。登場順にていねいに見ていこう。

始まりは国鉄末期。

79ページでもふれたように、まず6両編成（グリーン車なし）の「R0」編成が博多駅と小倉駅を結ぶ「こだま」専用として、昭和60年（1985）6月に登場。

その後、山陽新幹線「こだま」用に、0系を6両に縮めたR編成（グリーン車なし）が21本（「R1」～「R21」）お目見えして、昭和61年（1986）11月ダイヤ改正で営業運転に就く。

0系R編成は「山陽新幹線用の改造6両編成（グリーン車なし）」が基本である。

国鉄末期は、0系だけでなく、在来線でも短編成化が続々と進められ、中間車改造のひょうきんな顔の先頭車が全国を走り回るようになった時代だった。

翌昭和62年（1987）から同63年（1988）にかけて、R編成の一部が一歩前へ出る。「R1」～「R3」および「R15」の4本がグレードアップされて、「R51」～「R54」に編成記号を改める。

このうち「R51」編成が昭和62年（1987）12月20日、暫定的に営業運転に就いた。「新大阪⇔博多間2時間台運転 グレードアップ・ひかり」と書いたカラフルなステッカーを、鼻先のFRP製カバー全面にはりつけての登場だった。

R編成は「こだま」だけでなく、「ひかり」にも用いられたのである。

これより3ヵ月後の昭和63年（1988）3月ダイヤ改正で、「R51」編成～「R54」編成は新たに〝ウエストひかり〟を名のって走るようになる。

客席を〝2&2〟にグレードアップしたのをはじめ、喫茶店ふうのビュフェを備えた、魅力ある編成だった。ちなみに、100系3000番台V編成〝グランドひかり〟の登場は、これより1年後の1989年（平成元）3月。

0系R編成の〝ウエストひかり〟は大好評だった。デビューの年の夏には、12両編成の0系Sk編成が2本、〝ウエストひかり〟にコンバートされる。喫茶店ふうビュフェの設置や〝2&2〟へのリニューアルのほか〝ビデオカー〟〝ビジネスルーム〟を新たに設けた編成である（186～188ページ参照）。

〝ウエストひかり〟は増発されるのであり、引き続き6両編成の「R51」編成～「R54」編成も〝ウエストひかり〟で活躍を続けるのであるが、多客期には、6両では乗客増に対応できず、なんと「R51編成&R23編成」という、世にも珍しい0系2本の併結運転が行われたという。

これは聞き捨てならぬビッグ・ニュースだが、折からの国鉄改革と「バブル景気」の到来、さらには津軽海峡線や瀬戸大橋線の開業で、次から次へと画期的な車両、華やかな列車が誕生し、鉄道ファンも、てんやわんやの毎日を送った時代である。

0系6両編成2本の併結運転どころではなかったようで、詳細な記録が見あたらない。

やがて〝ウエストひかり〟用のSk編成（12両編成）は6本に増やされるが、〝ウエストひかり〟用のR編成（6両編成）も「R51」編成1本が残る。

また〝ウエストひかり〟用ではないR編成も、最盛期で25本150両が在籍した。

これを使う〝シャトルひかり〟が新大阪駅～広島駅間に1991年（平成3）3月、3往復、運転を始め、

R

翌年3月には、やはりR編成を使って〝ウィークエンドひかり〟（金耀・休日のみ新大阪駅始発、広島駅行き2本）がお目見えした。

また〝ファミリーひかり〟が、1995年（平成7）年7月21日、新大阪駅～博多駅間に1往復、運転を始めた。〝ウエストひかり〟用ではないR編成――その一部が〝ファミリーひかり〟にあてられた。以前のビュフェを〝こどもサロン〟に改造して、ちびっ子に開放したのである。夏休み、年末年始、春休みなどに、おおむね2往復の運転で、家族連れに人気を博した。乗客用扉の横にマークも掲出。山陽新幹線の駅には毎回、楽しいデザインの案内チラシが置かれた。

この頃、JR西日本は、0系に対して細かく、延命およびアコモデーション改良工事を実施している。

こうして90年代が流れ、山陽新幹線は700系7000番台E編成〝ひかりレールスター〟を2000年代の最初の年の3月に迎える。また10月には、100系P編成が営業運転に就いた（124ページ参照）。

これらにより、さしものJR西日本の0系も、衰退期にはいっていくのである。

〝ファミリーひかり〟も、2002年（平成14）8月をもって運転終了となっている。

このように、R編成は「remake」「renewal」によって長く山陽新幹線で活躍した0系なのである。

JR東 E3系

秋田新幹線「こまち」用のE3系がR編成を名のったことは記憶に新しい。

ナゼ「R」だったのか？

JR東日本の編成記号はE・F・G・H……と続いていくのであるが、E2系J編成とともに走り始めたE3系の編成記号が、いきなり「R」に飛んだのは、ナゼか。

この謎は、400系がL編成を名のったことと合わせて考えると解けるかもしれない。

400系の「L」は、J・K・L・M・N……の流れのなかで、たまたま「L」にあたったにすぎないものと思われる。

E3系が営業運転に就く1997年（平成9）春には、すでに200系K編成、400系L編成、E1系M編成が走っていたし、長野行新幹線の開業が同じ年の10月に、そしてE4系の登場も、同じ年の12月に迫っていた。——「M」の次の「N」は長野行新幹線用のE2系に温存したい。

「O」「Q」はまぎらわしいので使いたくない。

「N」に続く「P」「R」を、どうふり分けるか——。

E3系のほうがE4系より先にオン・レイルするとはいえ、「premium」「prime」は、どう考えてもミニ新幹線用の記号ではない。

E3系は改軌された田沢湖線、奥羽本線を走るのである。運輸省（後に国土交通省）鉄道局監修の『鉄道要覧』に「秋田新幹線」の線名は記載されていない。福島駅〜山形駅間における400系と同様、E3系は盛岡駅〜秋田駅間で、地上に設置された信号機に従って走る。

在来線の信号機に「L」と「R」はつきものだ。

継電連動装置のテコ、スイッチを信号扱所の係員が扱うことによって操作される場内信号機、出発信号機には「1L」「2L」「3R」「4R」のような記号が付けられている。

もちろん、この場合の「L」は「left」、「R」は「right」の略である。

ただし、継電連動装置は昭和初期に発明されたシステムであって、田沢湖線にしても奥羽本線にしても、今は、コンピュータに頼るPRC（Programmed Route Control system）であるから、駅で「L」「R」の記号を見ることはない。

「こまち」用E3系の「R」の由来を、以上のように私は推理する。

JR九 N700系8000番台——

八家《やか》駅にも八本松駅にも八丁堀電停にも八幡駅にも八丁牟田駅にも八丁馬場電停にも八代駅にも見向きもせず、ひたすら列島南端の鹿児島を目ざす電車。

山陽新幹線・九州新幹線の「みずほ」「さくら」「つばめ」に使われる8両編成のN700系——そのJR九州に所属する編成が8000番台R編成を名のる。「R」が選ばれた理由はよくわからない。

左記の順序というのであれば納得がいくが……。

N700系7000番台…S
N700系8000番台…T
800系…………U

もしや「rainbow」をイメージしたのか……。

「カンヌライオンズ国際クリエイティビティ・フェスティバル（旧カンヌ国際広告祭）」で〝九州新幹線レインボー〟が金賞を受賞している。

2011年（平成23）早春、九州中の駅に、鹿児島ルート全通を祝うレインボーカラーのポスターがはりだされた。

九州新幹線の沿線に立ち、N700系8000番台「R10」編成をウェーブで歓迎する大勢の人々を描いたテレビCMも制作された。

JR九州が、ホームページなどを使ってCM制作のエキストラを募集したところ、一二の会場に、なんと一万五千人もの人たちが集まったという。撮影は2月20日（日）に、特別列車を鹿児島中央駅から博多駅まで走らせて、一発勝負で行われている。

撮影会場はもとより、沿線から手を振る人の波は、どこまでも、どこまでも途切れなかったという。

この熱狂的なウェーブをどう読むか——。

ひとつには、鹿児島ルートの全通が、あまりにも遅かったということがあるのではなかろうか。

人口をとってみても、鹿児島市六〇万人、熊本市七五万人、福岡市一五〇万人。いずれも「中心市街地の活性化」などに頭を悩ます必要はまったくない、活気に満ち満ちた都市である。

CM撮影の日、N700系8000番台「R10」編成はレインボーカラーのラッピングで飾られ、参加者に記念品としてレインボーカラーのタオルが贈られた。

わずか半月足らずで制作された、この一連の広告に、権威ある国際賞の金賞が、贈られたのである。

テレビCMは東日本大震災の発生で中止され、3日間しか流れなかったという。今ならまだネット上で見られるだろう。新幹線とは——について理解を深めたい人は必見だ。

蛇足かもしれないが、沿線人口を出してみた。停車駅がある市町村の人口の合計である。ABCDを、沿線人口の多い順に並べると、どうなるか——。

A　九州地方の新幹線（小倉駅、博多駅、新鳥栖《しんとす》駅、久留米駅、筑後船小屋《ちくごふなごや》駅、新大牟田駅、新玉名駅、熊本駅、新八代駅、新水俣駅、出水《いずみ》駅、川内《せんだい》駅、鹿児島中央駅）

B　東海地方の新幹線（新富士駅、静岡駅、掛川駅、浜松駅、豊橋駅、三河安城駅、名古屋駅、岐阜羽島駅）

C　瀬戸内地方の新幹線（相生《あいおい》駅、岡山駅、新倉敷駅、福山駅、新尾道駅、三原駅、東広島駅、広島駅、新岩国駅、徳山駅、新山口駅、厚狭《あさ》駅、新下関駅）

D　東北地方の新幹線（新白河駅～新青森駅間の全駅、秋田新幹線の全駅、山形新幹線の全駅）

答えは以下のとおり。

A（約四七五万人）
B（約四六五万人）
D（約四二二万人）
C（約四一一万人）

首都圏、名古屋圏、近畿圏などに在住の方には、ちょっと難しい問題だったかもしれない。

S編成

国鉄→JR海・JR西 0系
国鉄→JR東 925形・921形 電気軌道総合試験車
国鉄→JR東 961形 試作電車
JR東 400系 先行試作車
JR東 952形・953形 高速試験車
JR東 E2系 量産先行車
JR東 E3系 量産先行車
JR東 E926形 新幹線電気軌道総合試験車
JR東 E954形 高速試験車
JR東 E955形 高速試験車
JR東 E5系 量産先行車
JR東 E6系 量産先行車
JR西 N700系7000番台

国鉄→JR海・JR西 0系 ▲

１２０ページでも書いたように、東海道新幹線開業のとき、近畿車両製の新幹線電車がS編成を名のった。メーカー別の編成記号をやめた時点で、「ひかり」用編成に「H」、「こだま」用編成に「S」の記号が与えられた。

12両編成だった「こだま」も、昭和40年代末に16両へ伸びる。これにより編成記号は「K」へ変わる。

ところが、それから約10年後、ふたたび12両編成に縮められることになり、編成記号も「S」に戻る。ほどなくして、先頭車を新型車両に取り替えたことを表す「Sk」が加わる。

この「S・Sk」編成が、国鉄の分割民営化で、ＪＲ東海とＪＲ西日本に継承されるわけだが、ＪＲ東海の「こだま」用編成39本は、１９８９年（平成元）から１９９１年（平成３）にかけて、またしても16両へ伸び、編成記号を「Y・Yk」に改める。

一方、ＪＲ西日本が継承したSk編成は５本。そのうちの２本が昭和63年（１９８８）夏に〝ウエストひかり〟にコンバートされる。喫茶店ふうのビュフェを設置したり、客席を〝２&２〟にリニューアルしたほか〝ビデオカー〟〝ビジネスルーム〟を新たに設けた。

また、窓下に細い青帯を一本追加して、外観もほかの0系との間に一線を引いた。客用扉横の車体に「W」をデザインしたマークを掲出した。

ちなみに、後に客室をすこし改装した一部のR編成も、〝ウエストひかり〟用のSk編成同様、窓下に細い青帯を巻いている。

90年代が過ぎ、2000年（平成12）春、700系7000番台E編成〝ひかりレールスター〟がさっそうとデビューする。

これにともない0系〝ウエストひかり〟は役目を終える。12両編成のSk編成は、6両編成の〝WR編成〟に組み換えられて、消えた。

国鉄→JR東 925形・921形
電気軌道総合試験車――▲

925形・921形の第一編成が、栄えある「S1」編成を名のった。

東北・上越新幹線用の電気軌道総合試験車で、昭和54年（1979）に新造されている。開業前は、仙台駅以北における雪害試験に用いられた。

925形が電気試験車、921形が軌道試験車。「925-1・925-2・925-3・925-4・921-31・925-5・925-6」という7両編成を組んだ。

先頭車の形状および編成全体の車体色は200系に準じていた。ただし、窓回りや車体下部のグリーンが若干、200系のそれより暗めであった。

そして、925形・921形の第二編成が「S2」編成である。

6両編成の962形試作電車を電気試験車に改造して、軌道試験車を1両組みこみ、昭和58年（1983）に登場した。

「925-11・925-12・925-13・925-14・921-41・925-15・925-16」という7両編成を組んだ。

車体色は窓下にグリーンの太めの帯を巻き、スカートもグリーン。そのほかはイエロー。先頭車の形状は200系に準じていた。

その925形第二編成の元になった962形は、昭和54年（1979）、栃木県の小山総合試験線に登場した。200系の量産先行試作車であるが、編成記号は付けられていない。

「S1」編成、「S2」編成はJR東日本が継承し、「S1」編成も「S2」編成と同様の車体色に塗り替えられ、2本の〝ドクターイエロー〟が、東北・上越新幹線の主治医となったのである。

「S1」編成と「S2」編成はE926系「S51」編成に道を譲って引退した。

ちなみに、電気試験車を電気検測車、軌道試験車を軌道検測車と呼ぶ向きもある。こちらのほうが実態に即しているかもしれない。

国鉄→JR東 961形 試作電車

961形は昭和48年（1973）生まれの試作電車である。6両編成。JR東日本が継承して後、これに「S3」の編成記号を与えた。

昭和45年（1970）に全国新幹線鉄道整備法が成立している。列島の北から南まで長距離列車を走らせる暁には、どのような車両が望まれるのか。——その答えのひとつが961形だった。

3号車を食堂車とし、4号車に個室寝台を設けたことは、伝説となって今に伝わっている。ほかにティールームや12名で使える会議室なども設けられていた。

昭和52年（1977）、日本国有鉄道新幹線総局編集の『新幹線ハンドブック』に、961形の、おそるべき能力が次のように列記されている。

・営業運転の最高時速は250キロ。
・急勾配や長大トンネルの増大、平均駅間距離の短縮に対応できる出力。
・魅力ある接客設備を開発。
・寒冷害、雪害に耐える車両構造。
・電源周波数50ヘルツと60ヘルツに対応。
・搭載したコンピュータで、定速度制御、定時運転制御および定位置停止運転制御を行う。
・運転状況や車両故障の情報を処理し運転台に設置

したカラーディスプレイに表示するモニタリング機能も有している。

それから10年後、20年後になってようやく、営業用車両にフィードバックされたような、いくつものハイテクが、昭和40年代末――まだ200系も100系も300系も誕生していなかった時代に、961形試作電車によってすでに現実化されていたのである。

けれども、この試作電車の出番は少なかった。鳥飼《とりかい》基地に留置された後、昭和53年（1978）から約2年間、小山《おやま》総合試験線で働いたものの、その後は仙台基地で昼寝をきめこむ身となった。

仙台で、窓回りや車体下部の色が、ブルーからグリーンに塗り替えられている。

スカート中央部が、ぐんと鼻先のほうへせり上がった先頭形状をしていたから、ほかの試験電車、試作電車と見分けがついた。

新幹線の試験電車、試作電車のなかで、ずば抜けて先進的な車両であったから、JR東日本としてもなかなかスクラップにはできなかったと見えて、90年代にはいって車籍抹消とした後も、先頭車2両が保存展示され、仙台車両基地の見学客の目を引いている。

初めは〝利府線《りふ》〟と仕業交検庫の間に留置されていたが、今は、仙台総合車両所から新幹線総合車両センターへ改称した仙台基地の正面玄関前に置かれている。

さて、頭に「9」の付く新幹線事業用車のうち、昭和40年代に登場した編成は、区別がすこしややこしい。ここで列記してまとめておくことにしよう。

◇951形……山陽新幹線の時速250キロ運転の現実性を確認するためにつくられた試験電車。昭和47年（1972）に時速286キロのスピード記録を樹立。編成記号なし。2両編成（172〜173ページ参照）。

◇961形……全国新幹線網を見すえて、数々の先進的な機能を先取りした試作電車。昭和54年（1979）に小山総合試験線で時速319キロのスピード記録を樹立。JR東日本が継承して「S3」の編成記号を付ける。6両編成。
◇962形……200系の量産先行試作車。編成記号なし。後に925形電気試験車「S2」編成に改造された。6両編成
この三つの事業用車は、小山総合試験線で顔をそろえて、元気いっぱい働いている。

JR東 400系 先行試作車――▲

スペースシャトルを思わせるフォルムで登場して、みんなの度肝を抜いた400系の先行試作車が、「S4」編成である。

初の新在直通運転とあって、技術面でいろいろな開発、試験を行う必要があった。

200系との分割併合。架線電圧2万5000ボルトと2万ボルトに応じた切換え。新幹線ATCと在来線保安システムに応じた切換え。さらに、200系を上回る耐寒耐雪構造、板谷峠《いたや》の急勾配対策など、クリアーしなければならない課題はたくさんあった。

「S4」編成によって、これらの構造、性能に特段の変更を行う必要はないことが確かめられ、パンタグラフや台車に若干の手を加えただけで量産車が製造された。「S4」編成も量産化改造を受けて「L1」編成となり、営業運転に就いている。

JR東 952形・953形 高速試験車――▲

〝STAR21〟の愛称で1992年（平成4）2月に登場した高速試験車が「S5」編成である。

「Superior Train for the Advanced Railway toward the 21st Century」――その頭文字を並べて〝STAR21〟としたという。

ほぼ同じ時期に〝300X〟と〝WIN350〟も登場しており、90年代前半はJR東海、JR東日本、

JR西日本による熾烈なスピード向上試験競争の時代となった。

〝STAR21〟は、952形4両と953形5両をつないだ長い9両編成。

953形は6台車5車体の連接車だった。台車数を減らすことで軽量化を図ったものと思われる。953形5両のうち4両については、車体がジュラルミンでつくられた。

徹底した軽量化で高速性能を高めるとともに「速度向上にともなう地盤振動増加抑制と高速時の走行安定性確保」、さらには「軌道破壊の抑制」「ブレーキエネルギーの低減」など、数々の利点があるといわれた。

パンタグラフは2個しか備えていない。大きなカバーがなんとなく重そうに見えた。

「S5」編成は、1993年（平成5）12月21日0時01分、燕三条《つばめさんじょう》駅〜新潟駅間で、時速425キロという輝かしい記録を達成している。

高速試験のために、長岡駅〜新潟駅間のレールと架線が事前に整備されたという。また、空転防止のためにセラミックの粉を噴射したという話も記憶に残る。

米原駅横にある鉄道総合技術研究所風洞技術センターの前庭に、952形の先頭車が保存展示されており、「のぞみ」や琵琶湖線の新快速などの客席からよく見える。〝300X〟と〝WIN350〟の先頭車も並べて置いてある。

JR東 E2系 量産先行車

以下のように1995年（平成7）、S編成三種が、たて続けに報道公開されている。

4月6日「S8」編成（後のE3系「R1」編成）
5月15日「S7」編成（後のE2系「J1」編成）
6月10日「S6」編成（後のE2系「N1」編成）

「S6」より「S7」のほうがすこし先に、さらに、「S7」より「S8」のほうがすこし先に公開されたのであり、E2系の複雑怪奇さは、スタート時点で、すでに始まっていた。

これらのS編成による試験結果は、2年後に、「こまち」「やまびこ」「あさま」となって実を結ぶ。

「S8」編成はE3系「こまち」の先駆け、「S7」編成は、E3系「こまち」と併結運転を行うE2系の先駆け、「S6」編成は「あさま」専用のE2系の先駆けである。

このうち、E3と併結運転を行うE2系は一部の人たちからE2ダッシュ系と呼ばれた。――このほうが頭のなかの整理には向いている。

「S7」編成も「S6」編成も、8両編成。J編成の量産車もN編成の量産車も8両編成。

200系K編成は10両編成。

したがって、E3系「こまち」&E2系J編成「やまびこ」の場合、9号車・10号車は存在しなかった。E3系は、11号車〜15号車の5両編成で営業運転に就いた。E2系J編成が10両に伸びるのは八戸駅延伸のときである。

「S7」編成と「S8」編成は、併結運転用に分割併合装置を備えて登場した。

東京駅を出ていくときは「S8」編成が前、「S7」編成が後ろ。したがって分割併合装置は「S8」編成が東京駅方の先頭車に、「S7」編成が盛岡駅方の先頭車に備えていた。

それぞれ逆側の鼻先にも丸い筋が付いている。

雑誌などに掲載されている写真を眺めていて、上り列車なのか下り列車なのか判然としないことが少なくない。

「S8」編成（後の「R1」編成）の鼻先に丸い筋があって、後ろに「S7」編成（後の「J1」編成）がつながっていれば、それは下り列車である。丸い筋のなかに分割併合装置は備わっていない。筋は、機器の搬入口の淵にすぎない。

「S7」編成についても同様である。「S7」編成（後の「J1」編成）が後ろに「S8」編成（後の「R1」編成をつないで南へ向かっている――その鼻先に丸い筋が付いていても、それは分割併合装置のカバーではない。機器の搬入口の淵にすぎない。

また「S6」編成（後の「N1」編成）は分割併合装置を備えていない。鼻先に淵のラインが薄く見えるが、それは機器の搬入口の淵にすぎない。

JR東 E3系 量産先行車 ——▲

車体の白が、見る者をわくわくさせた。また、ピンク色の帯が、白とよくマッチしていた。下部のグレーも上品だった。秋ともなると沿線の稲穂を反射してグレーの部分が金色に光り、高級感を醸し出した。

客室に足を踏み入れると、天井から荷棚にかけての意匠が、恐竜の再現模型を思わせた。

量産車と違い、「S8」編成のパンタグラフは菱形で、上下可動式のカバーで囲われていた。また「S8」編成とE3系量産車とは、顔が大きく異なっている（38ページ参照）。

JR東 E926形 新幹線電気軌道総合試験車 ——▲

登場は「S9」編成より、E926形のほうが、4年近く早い。2001年（平成13）9月に、初の公式試運転を行った。

〝East《イースト》 i《アイ》〟の愛称をもらった新幹線電気軌道総合試験車、E926形の編成記号は「S51」である。

「i」は「intelligent」「integrated」「inspection」の頭文字を表すとのこと。

6両編成で、中ほどに1両、軌道試験車を連結している。

車体や走行用機器はE3系をベースにしてつくられており、時速275キロで走行しながら検測を行うことができる。先頭車の形状も、E3系に酷似している。

東北新幹線・上越新幹線を走るほか、山形新幹線・秋田新幹線にも直通する。また、長野新幹線に対応した機能をもち、初のDS-ATC区間となる盛岡駅〜

八戸駅間でも検測可能。現在は新青森駅まで足を伸ばしている。

白い車体、窓下に赤い帯。

正面のライトの下、左右に四角い窓がふたつある。前方の様子を撮影するためのカメラが、なかに設置されている。

その正面、のぞき窓とライトの周りも赤。

4号車のパンタグラフ付近に、観測ドームと投光器が設けてあるが、屋根上に飛び出していないので、目につかない。

JR東 E954形 高速試験車 ▶

〝fastech《ファステック》360 S〟の愛称をもらった高速試験車が「S9」編成を名のった。

〝ネコの耳〟で有名になった高速試験車である。

最高時速360キロで営業運転できる車両の開発を目ざす――といわれた。

そんな時代の到来ははるか先のことだろうと思われたが、今や東北新幹線はE5系の天下である。「S9」編成による試験の成果を取り入れてつくられた営業用車両がE5系U編成。

「S9」編成の登場は、2005年（平成17）であるが、つい昨日のことのような気がする。

乗ることはおろか自分の目で間近に眺めることさえできなかった車両の場合、ことのほか時間経過に実感が乏しい。

「fast」と「technology」を組み合わせて〝fastech〟とし、営業運転で最高時速360キロを実現できる技術開発を目標としていること――を意味する数字を続け、末尾に「S」を添えて愛称とした。

この「S」が何を意味するかについては発表されていない。

同じ〝fastech360〟を名のるE955形「S10」編成のほうは、末尾に「Z」が付いていて、これは「zairaisen」を意味するといわれる。

それが本当であれば、E954形の「S」は、「shinkansen」ということになる。

たいへん不思議なことに〝fastech360 S〟にしても E5系にしても、車体上部の深い青色が、写真によっては、緑色になっている。車体に映る周りの色いかんで青にも緑にもなる特殊な塗料が使ってあるとのこと。

1号車〜8号車の8両編成で、先頭車の形状が1号車と8号車で異なる。

先頭形状について、1号車は「Strem-line」、8号車は「Arrow-line」と呼ばれ、1号車のヘッドライトは、動物の目を思わせた。

E5系U編成に採用されたのは「Arrow-line」のほうである。

〝ネコの耳〟の正式名称は、空気抵抗増加装置であり、原理や目的についてはだれにもわかりやすい。2号車、4号車、7号車を除く各車両の屋根に計14個(先頭車両は前後に2個ずつ)設けられた。しかし、E5系U編成では採用見送りとなっている。ブレーキ力を高めるプラス面と、走行安定性、架線などの設備におよぼす影響などのマイナス面を勘案したようだ。

〝fastech360 S〟「S9」編成は、空気ばねストローク式の車体傾斜装置を備え、これはE5系U編成にも採用された。

E954形の傾斜角度は2度。

ちなみに在来線は急カーブの連続なので、振子式車両はだいたい5度、傾くようになっている。

そのほか、新機軸として、電磁アクチュエータ方式のアクティブサスペンションを全車に装備した。

オンリーワンの超個性派編成であったが、2009年(平成21)9月、あえなく廃車になったという。

JR東 E955形 高速試験車

〝fastech360 Z〟の愛称をもらった高速試験車が「S10」編成を名のった。

新在直通運転用で、E954形「S9」編成と併結運転ができる新型車両を開発する目的でつくられた高速試験車である。

E955形「S10」編成の試験結果が、E6系に生かされたことはいうまでもない。

11号車～16号車の6両編成。

先頭車の形状は、どちらも「Arrow-line」だが、長さがすこし違う。

E954形「S9」編成に遅れること、約1年、2006年（平成18）4月に登場し、約2年半働いている。

いわゆる〝ネコの耳〟が特徴的だった高速試験車「fastech360 Z」。

E954形「S9」編成とともに〝fastech360〟を名のることからもわかるように、空気ばねストローク式の車体傾斜装置、電磁アクチュエータ方式のアクティブサスペンションを備えていた。

さらに〝ネコの耳〟も13号車を除く各車両に設けていた。

保存されることなく、2008年（平成20）12月、あえなく廃車になったという。

JR東 E5系 量産先行車

E5系の量産先行車が「S11」編成を名のった。

報道公開は2009年（平成21）6月。

「S11」編成は、量産車の営業運転開始から2年後、量産化改造されて「U1」編成となる。

E5系量産車では、なんといってもグランクラスの登場が大きな話題だったが「S11」編成の段階では、まだ準備工事がなされているだけで、名称も〝スーパーグリーン車〟となっていた。

車体外観は、E954形と異なり、窓下にE2系J編成やE3系と同様のピンクのラインを引いた。シンボルマークはまだお目見えしていない。

側面上部は、ペルシャ地方に産する「宝石用のトルコ石」を思わせる青緑色。明るくつやつやと輝く。下部は薄いグレー。

1号車〜10号車の10両編成。

最高速度向上にともなって騒音レベルが高まることのないよう、パンタグラフの左右に遮音板を立てている。パンタグラフは3号車と7号車に備えているが、営業運転では1個のみを使用する。多分割すり板の開発で、ついに究極の1個パンタが実現した。

新幹線電車が2両に1個パンタグラフを備え、架線との間に紫色の火花を盛大に発しながら走行していた時代からおよそ40年。最高時速もとうとう300キロの大台にのった。技術陣にとっては苦労の絶えない長い道のりだったのかもしれない。

JR東 E6系 量産先行車

E6系の量産先行車が「S12」編成を名のった。

報道公開は2010年（平成22）7月。

「S12」編成は、量産車の営業運転開始から1年後、量産化改造されて「Z1」編成となる。

赤の強烈なイメージは、イントロや前置きなしで、突然「さび」の音をジャジャジャッジャジャーンと演奏するようなもので、デビューの手法としては優れているといえよう。

けれども、突拍子もない第一印象は、陳腐化も早いという弱点をもつ。

また、赤い新幹線の登場にグラフィックデザイナーは拍手を贈り、色校正紙を見た編集者は「赤もっと鮮烈に」と書きこんで印刷所へ注文をつけるけれど、E

6系の先端と屋根を彩る茜色は期待するほどショッキングな赤ではない——と指摘するのはマシマ・レイルウェイ・ピクチャーズの助川康史氏である。審美眼のあるカメラマンの目は、さすがにしっかり開いている。

車体側面は白なのであり、帯の色もシルバー。——もしかすると〝赤い新幹線〟は、実態と合致しない、つくられたイメージなのかもしれない。

11号車〜17号車の7両編成。

11号車にのみ分割併合装置を備えている。17号車の鼻先にもはっきりと淵の線が見えているが、ここは、機器の搬入口にすぎない。

パンタグラフは、「S11」編成と同様、2個備えているが、走行中は後方の1個だけ上げる。

JR西 N700系7000番台

「みずほ」「さくら」で活躍するN700系は二種あって、JR西日本所属の編成が7000番台S編成、JR九州所属の編成が8000番台R編成である。

JR西日本とJR九州が共同で開発しており、7000番台S編成と8000番台R編成との間に差異はない。どちらも山陽新幹線・九州新幹線をまたにかけ、新大阪駅〜鹿児島中央駅間を走破している。共通運用。

8両編成で、1号車〜3号車が普通車自由席。6号車の半室がグリーン席、半室が普通指定席。そのほかの号車が普通車指定席。客席は4号車〜8号車が〝2&2〟、1号車〜3号車が〝3&2〟となっている。

編成記号を「S」としたのは、N700系Z編成や同N編成の半分の編成長しかないせいだと思われる。ただし、Sで始まる英単語には、「short」のほかに「special」「super」「sharp」などがあって、編成記号に「S」は使いやすい。

車体色は、陶磁器の青磁にならった白藍。

ホームに立って眺めると、Z編成やN編成と、大きく異なるという色ではない。

最高時速は山陽新幹線で300キロ、九州新幹線で260キロ。セミアクティブ制動制御装置を全車に装備している。

写真で見ると強い印象を受けないが、N700系の運転室は、昔の空飛ぶ円盤のように、丸くもっこりと飛び出していることが、ホームに立って、入線や発車を見ていると、よくわかる。

量産先行車はつくられていないが、営業運転開始の2年半も前に「S1」編成が登場し、各種試験に供された。実質的な量産先行車だったといえよう。

N700系7000番台S編成、同8000番台R編成の営業運転開始は、東日本大震災の翌日2011年（平成23）3月12日であった。

このとき、「みずほ」は新大阪駅と鹿児島中央駅をそれぞれ6時台・7時台・17時台・19時台に発車する4往復。途中、新神戸駅、岡山駅、広島駅、小倉駅、博多駅、熊本駅だけに停車して、新大阪駅と鹿児島中央駅を最速3時間45分で結ぶダイヤだった。

熊本空港にしろ、鹿児島空港にしろ、市の中心部から遠く離れているので、この所要時間なら、競争力、充分だ。

山陽新幹線・九州新幹線に「みずほ」「さくら」が、東北新幹線に「はやぶさ」がほぼ同時に誕生したのであるが、いずれも、かつてのブルートレインで親しまれた愛称である。

「みずほ」を最速列車の愛称とするのはいかがなもの

下関駅～門司駅間で昭和60年（1985）3月に撮影。牽引機はEF81形300番台、客車は14系。

S

か——という雑音は流れた。

かつて「みずほ」を名のった列車は、東京と九州を結ぶブルートレインのなかで、いちばん劣等の列車だった——というのが、その論拠。

それは、はっきりいえば、誤解ですね。

山陽本線から400メートルほどのところで、毎夕、東京駅行き20系ブルートレイン群の、軽やかでしかも壮麗な走行音を聞いて育ち、8年余り、踏切を渡って通学し、線路端で写真もたくさん撮った私には、「みずほ」も「あさかぜ」と同列の、この世の真善美をみごとに体現した華麗なる優等列車、文字どおり特別な急行列車群のひとつだった。

急行「霧島」「高千穂」「阿蘇」「雲仙」「西海」「筑紫」、普通111・112列車、正明市《しょうみょういち》駅行き普通列車などと比べて、そういえる。

たしかに、「さくら」「つばめ」の列車名が先に伝えられ、最速列車のことが鹿児島ルート全通の直前になって発表されたため、すこし手際の悪さが感じられたことは事実だ。

そもそも、東北新幹線へ「はやぶさ」が召し上げられたことに違和感を覚えたオールドファンは、少なくなかったものと思われるが、それは九州に「つばめ」がさらわれたことへの逆襲だったのかもしれない。

なお、N700系7000番台S編成および同8000番台R編成は「つばめ」にも使われている。「こだま」「ひかり」の一部に使われた実績もある。

T編成

国鉄 922形 電気試験車
国鉄→JR海 922形・921形（10番台）電気軌道総合試験車
国鉄→JR西 922形・921形（20番台）電気軌道総合試験車
JR海 923形 電気軌道総合試験車
JR西 923形3000番台 電気軌道総合試験車

歴代の電気試験車・軌道試験車5本がT編成を名のる。

国鉄 922形 電気試験車

まず「T1」編成は、東海道新幹線の開業に際して用意された922形電気試験車である。

試作電車の1000形B編成（89ページ参照）を改造した4両編成。

車体色は、すこし暗いオレンジ色を基調とし、窓下や側面下部、側面上部に紺色ラインを引いた元祖〝ドクターイエロー〟色。「警戒色」と呼ばれた蒸気機関車時代の黄色と黒の縞模様や、踏切の黄色と黒の斜め模様が思い出される。

ちなみに、軌道狂いを検測する軌道試験車は、鴨宮モデル線で使われた921形が引き続き活躍した。後に在来線のマロネフを改造した1両が加わり、どちらも、新製された高性能ディーゼル機関車、最高時速160キロの911形に牽引されて仕事をした。

国鉄→JR海 922形・921形（10番台）電気軌道総合試験車

4両編成の922形にしろ、機関車に牽引される921形にしろ、東海道・山陽新幹線、博多駅延伸によって時代にマッチしなくなったことから昭和49年（1974）に、初の電気軌道総合試験車が新製された。これが「T2」編成を名のった。

922形電気試験車6両に、921形軌道試験車1

両を組みこんだ7両編成。車号はすべて10番台。2号車・3号車・6号車にパンタグラフ観測台があった。

922形・921形（10番台）の登場により、営業列車にまじって、最高時速210キロで走行しながら電気、軌道、信号、軌道などの検測作業ができるようになった。

JR東海が継承し、2001年（平成13）まで働いている。

JR西 922形・921形（20番台） 電気軌道総合試験車 ――▲

そして、新幹線電車（後に0系と呼ばれるようになる）の走行性能や構造、形状をベースにして新製された922形・921形――その第二弾が「T3」編成である。昭和54年（1979）に登場した。922形電気試験車6両に、921形軌道試験車1両を組みこんだ7両編成。車号はすべて20番台。新幹線電車100番台と同様、外観は、小窓が特徴。

JR西日本が継承し、2005年（平成17）まで働いた。

名古屋のリニア・鉄道館が先頭車の1両をひきとって展示し、〝ドクターイエロー〟の人気の高さを証明している。

JR海 923形 電気軌道総合試験車 ――

T編成の「T」が、「test」「try」「together」を意味していることは、もはや明らかであろう。「traffic」の安全運行を維持するための定期的な保安点検で出動するのであり、「travel」「trip」には向かない車両である。また、愛称の〝ドクターイエロー〟とは裏腹に、異状を見つけても、その場で治療にあたることはない。情報管理システムへ検測データを送るだけである。

都市ガスの定期保安点検のように、老朽化したガス管を新品に取り替えるようなこともしない。

「四葉のクローバーを見つけると幸せがくる」との言い伝えになぞらえる人が今も少なくないから〝ドクター〟ではなく、もうすこし夢のある愛称をもらえていたらよかったのに……とも思う。

〝HAPPY YELLOW〟とか……。

さて、「T4」編成は2000年（平成12）に登場した。JR東海が「T2」編成の後継として新製した923形が「T4」編成を名のる。

700系をベースにした車両であり、最高時速270キロ。車体色は、それまでの〝ドクターイエロー〟よりすこし明るくなった。

923形電気試験車6両と、923形軌道試験車1両から成る7両編成。

2014年（平成26）夏現在、現役である。

JR西 923形 3000番台 電気軌道総合試験車

そして「T5」編成が2005年（平成17）に登場している。JR西日本が「T3」編成の後継として新製した923形3000番台が「T5」編成を名のる。

「T4」編成と同様、700系がベースとなっており、最高時速270キロ。車体色も「T4」編成と同様の明るいオレンジ色。

923形3000番台電気試験車6両と、923形3000番台軌道試験車1両から成る7両編成。

2014年（平成26）夏現在、現役である。

「T5」編成とともに、東海道新幹線・山陽新幹線で検測作業に従事する「T4」編成。(*)

T

Ｕ編成

JR九 ８００系
JR東 Ｅ５系

JR九 ８００系

　アルファベットもこの辺りまでくると、英単語の数はすっかり少なくなるというのに、新幹線車両の編成記号は、なお意気盛んだ。

　誕生から間もない８００系とＥ５系がＵ編成を名のる。

　８００系は悲運の車両である。

　関係者の限りない熱意と奉仕によって生まれた類まれな高級車でありながら、博多駅以南でしか運用できていない。

　国鉄の分割民営化の際、山陽新幹線の小倉駅（または新下関駅）～博多駅間をＪＲ西日本ではなく、ＪＲ九州へ移管できていたなら、九州の旧国鉄の「効率化」は合理的に進めることができていただろう。ＪＲ九州は新幹線のドル箱区間、博多駅～小倉駅間を手中に収め、安泰となっていたであろう。

　８００系が九州を走り通せば、「きらめき」は不要、「ソニック」も博多駅始終点の列車は１時間に１本でよいことになるだろう。

　１時間にだいたい３本走る在来線の特急のうち満席になるのは、ごく限られた時間帯の列車だけだ。

　試しに、昭和55年（１９８０）の『時刻表』を開くと、鹿児島本線の小倉駅～博多駅間に、朝と夜を除いて電車特急の姿はない。

　ＪＲ九州は、福岡市～北九州市間でＪＲ西日本との競争を強いられ、ほかの都市間では高速バスと競走している。高速道路が整備されて、マイカーが九州７県を縦横無尽に走り回っていることはいうまでもない。

JR九州、鹿児島本線のけやき台駅が至近（徒歩約10分）の高速基山《きやま》停留所は九州都市間高速バスの〝へそ〟である。たとえば北九州市と長崎市を結ぶバスから、福岡市天神《てんじん》と鹿児島市天文館《てんもんかん》を結ぶ高速バスに、ここで乗り継ぐことができる。

天神～小倉間には驚くべき頻度（10分以下の間隔）で高速バスが運転されているが、小倉の市街地で渋滞と信号待ちによって動きが鈍い。天神はランプが近いのでイライラと無縁。

800系の実態は、博多駅～熊本駅間における在来線旧特急の代替。

周知のように、800系は、水戸岡鋭治氏が自らの「哲学」を深化させ、隅から隅まで精魂の限りを尽くし、全身全霊を傾けてデザインした電車である。

たとえば、シートの張り地には京都の西陣織の技術が生かされている。「U001」編成～「U006」編成の全席と、新800系1号車・6号車のシートの張り地は、国会議事堂にかかるカーテンの織り方に近い模様の西陣織でつくられている。

新800系2号車のシートは牛の本革張りである。新800系4号車のアイビー柄ゴブラン織りもこの上なく華やかで、しかもシックだ。

水戸岡さん自らが職人への協力依頼を行い、ドーンデザイン研究所がすっかりお膳立てをして各専門メーカーへ発注することで、各専門メーカーから鉄道会社や車両メーカーへの個々のプレゼンテーションを省略するなど、車両製造費が、先輩各社の700系までの車両製造費の水準を超えないよう、製造過程の随所で水戸岡さんが懸命に動いた。

「水戸岡哲学」の柱のひとつに、自然素材の積極的な利用がある。

なかでも木は、金属やプラスチックと違って、乗客に温かさをもたらす。廃車にするとき環境への負荷が小さい。シートの枠や一部の壁、荷棚、ブラインドなど、可能な限り木製とした。

U

こんな電車なら多くの人が、5時間でも6時間でも乗っていたいと思うだろう。現実は、長くて1時間45分しか乗れない。

JR東 E5系

東北新幹線が新青森駅まで延伸して全通したのが、2010年（平成22）12月4日。このときはE2系J編成「はやて」が足を伸ばすようになっただけで、E5系「はやぶさ」は登場していない。

最高時速300キロのE5系「はやぶさ」は、2011年（平成23）3月5日にデビューし、6日後の東日本大震災で運転休止となった。

大地震発生の時刻に「はやぶさ」は走っていなかったが「はやて」「やまびこ」「こまち」「つばさ」などがいち早く停止し、人命を守ったことは、心ある多くの人たちの称賛をよんだ。

1年後に時速320キロ運転を予定する最先端、最高級車両の登場。その直後の大地震。そして運転休止。深い傷を負った東北地方。

〝fastech360〟で目ざした最高時速360キロでの営業運転は実現に至らず、E5系、E6系の最高時速が320キロ止まりとされたこと……。

新幹線の最高時速が300系で時速270キロへ引き上げられたとき、また500系で時速300キロへ引き上げられたとき、天真爛漫に拍手だけを贈っていることのできないモヤモヤが、しばらく続いた人は少なくなかったに違いない。

このたびの「E5系&E6系」による時速320キロ運転開始への「もうその辺で充分では……」という思いも、早晩、消えていくのだろうか。

昭和57年（1982）6月23日や、1997年（平成9）3月22日の輝きが懐かしい。

それにしても、800系やE5系に「ultra」や「universal」の「U」は、よく決まっていると思う。

V編成

JR西　100系3000番台
JR西　500系

JR西　100系3000番台

100系3000番台V編成〝グランドひかり〟は1989年（平成元）早春にデビューし、13年余にわたって多くの人に親しまれた。

以下は、100系V編成の終盤における、私の体験である。

『時刻表』1999年（平成11）1月号を開くと、東京駅行き「ひかり」の朝の2本が〝グランドひかり〟となっている。博多駅6時00分発の100号と6時56分発の102号で、どちらも小郡《おごおり》駅（今の新山口駅）と徳山駅に停車している。

どちらに乗ったのか忘れてしまったが、二階建て食堂車は、スーツ姿で背筋の伸びた、ひとり、ふたり、三人連れのビジネスマンでほどほど埋まり、ウェイトレスがモーニングコーヒーをてきぱきと配って歩いたシーンが思い出される。

みんな広島駅で下車したから、大阪や東京を目ざして後続の「のぞみ」に乗り継いだのか、それとも「FREX」利用で広島に通っていたのか。

広島空港へはアクセスバスで広島駅前から約1時間の時代にはいっていたので、空港を目ざしたとは考えにくい。

同年5月号の『時刻表』を開くと〝グランドひかり〟の食堂車は「一部列車営業休止」となっている。

同年10月1日には、JR東海の100系X編成が定期運用から退いており、2000年（平成12）3月初めにおける〝グランドひかり〟全列車の食堂車営業休止により、東海道新幹線・山陽新幹線の食堂車に座りモーニングコーヒーでくつろぐ楽しみは消えてしまったのである。

１００系３０００番台Ｖ編成〝グランドひかり〟は９本つくられたが、全廃間近の２００２年（平成14）春の時点で４本に減っていた。

JR西 500系

名車を15年そこそこで博物館送りにしてはならない――と強くいいたい。現実にお客を乗せて走っている電車より、博物館の飾り物のほうが、カッコいい――では、子供たちの頭や心のなかが混乱するだろう。

新幹線のような万人が目にする公共物のデザインを、次から次へと変えていくのは、いかがなものか。

走りの速さは誇れても、消えてなくなる早さを自慢できようか。

15年ほどで機械としての寿命がくるといっても、デザインが陳腐化しているのかどうかについては精査されてしかるべきだ。

私事ながら、私が五歳のときに見てあこがれた西鉄福岡市内線の１０００形連接車は、熊本市で、まがりなりにもまだ生きている。

私が四〇歳代後半のとき、初めて目にして腰を抜かした５００系は、２０１５年（平成27）春の引退が決まったらしい。

といっても「Ｗ」を半分にしたＶ編成である。16両編成の５００系Ｗ編成「のぞみ」は、すでに、２０１０年（平成22）２月限りで見られなくなっている。

８両編成に縮んで山陽新幹線「こだま」でがんばっていた５００系Ｖ編成が、とうとう消えてなくなるという。

そうした状況の下で、〝プラレールカー〟は最後の華といえよう。２０１４年（平成26）７月に登場。タカラトミー、パナソニック、ＪＲ西日本が協力して、

8両と短くなった500系がV編成を名のる。

500系V編成1本の1号車客室を子供たちの遊び場に改装した。

0系R編成の〝ファミリーひかり〟を思い出させるが、〝プラレールカー〟には、プラレールのジオラマが床いっぱいに組み立ててあり、にぎやかさでは先輩に負けない。例の〝お子様向け運転台〟も改装されていっそうリアリティを増しており、かつての「電車でGO」のように、わが子そっちのけで夢中になる父親もいるのだろう……。

V

W編成

JR西 500系 高速試験車
JR西 500系
JR西 W7系

JR西 500系 高速試験車

V編成、W編成はJR西日本が独占している。

「west」を表す「W」は当然。

「V」も「victory」「visual」「value」「vacation」など、なじみのある単語の頭文字である。

W編成を最初に名のったのは、あの高速試験車〝WIN350〟である。

1992年（平成4）春に登場。同期生に、JR東日本の〝STAR21〟、同400系量産車、JR東海の300系量産車がある。

300系「のぞみ」のデビューが1992年（平成4）3月、山形新幹線の開業が同年7月である。

1992年（平成4）といえば「バブル景気」の凋落が始まった年であるが、鉄道界にとってどこ吹く風。新幹線はいよいよ超高速時代にはいっていく。

500系900番台「W0」編成〝WIN350〟を、テレビニュースや雑誌で初めて見たとき、だれもが何事が始まったのだ——と思った。

前後の先頭車の形状に驚かされたのはもちろんだが、屋根上に置かれた巨大なパンタグラフカバーにも目を引かれた。あの頃はまだ、騒音レベルを抑止するためのパンタグラフカバーになじみがなかった。それで、私などは、超高速走行中にパンタグラフが飛ばされるのを防ぐための防護板だとばかり思った。

例の翼形パンタグラフも〝WIN350〟でテストされているが、カバーに隠れて、みんなの目を引いていない。

500系900番台「W0」編成〝WIN350〟は登場から5ヵ月後の1992年（平成4）8月8日、新下関駅〜小郡駅間において、計画どおり、時速350・4キロのスピード記録を打ち立てた。

4年で役目を終え、先頭車の1両が、米原駅横の、鉄道総合技術研究所風洞技術センター前庭に保存展示されている。

JR西 500系

500系「W1」編成は、1996年（平成8）1月に報道公開された。500系「のぞみ」の営業運転開始より1年以上早かった。

左記の例にならうなら、この編成こそが「W0」を名のるべきであった。

100系9000番台「X0」編成
→「X1」編成

300系9000番台「J0」編成
→「J1」編成

700系9000番台「C0」編成
→「C1」編成

〝WIN350〟が500系900番台「W0」編成とされたことは、忘れてしまってよいだろう。〝WIN350〟は高速試験車。

500系の場合は量産先行車が初めから「W1」編成を名のって営業運転に就いた。

〝WIN350〟と「W1」編成の間に共通点はほとんどない。

500系の場合、営業運転開始を量産先行車、すなわち「W1」編成の1編成のみで担った点も、特異だった。したがって、初めは新大阪駅〜博多駅間に定期1往復、臨時1往復（◆印）だけの運転だった。

新大阪駅7時53分発、博多駅10時10分着

W

◆博多駅　12時10分発、新大阪駅14時29分着
◆新大阪駅16時51分発、　博多19時09分着
　博多駅　19時21分発、新大阪駅21時38分着

500系の量産車は「W2」～「W9」の8本つくられるが、量産車と量産先行車の間に相違点は、ほとんどない。

量産車のパンタグラフが2個に減ったことくらいである。「W1」編成は、1個を予備として3個備えて登場している。

普通車の客室のドアが開くと、ずらりと並ぶ暖色系のシートが心地よく目に映った。

窓は曲面ガラスだった。

フランスのTGVに追いついた世界一速い列車。その500系に身を置いた喜びで、わくわくしたものだ。たしかに、窓辺の席は荷棚がすぐ頭上にあってやや窮屈ではあった。しかし、E1系〝Max〟のように、初めて乗って下車するときに頭をぶつけるということはなかった。

6時00分発、博多駅行き「のぞみ1号」に乗ろうと、早朝の東京駅ホームに上る。――そこには、2007年（平成19）6月まで、500系W編成の流麗な姿があった。

JR西　W7系

JR東日本に合わせて、系列記号の頭に「W」を付け、編成記号も「W」という時代がやってきた。ダブル、ダブリュー。

W7系W編成が走る北陸新幹線は、上越妙高駅が、JR東日本とJR西日本の境界駅。乗務員交代は長野駅で行われる。

W7系がむやみに超高速を志向せず、時速260キロを最高速度としたことには好感がもてる。九州新幹線や北海道新幹線も同様。

W7系の試乗を兼ねて行ってみたいところはいろい

ろある。鉄道愛好家なら、やっぱりまず富山が気にかかるところだろう。

W7系とE7系を迎えて、富山駅界隈は鉄道の最先進地となった。

富山地鉄市内線には、最新型LRV、3車体2台車の連節車、T100形がある。T100形を撮影するときは、地面にお尻をつけてカメラを構えたい。たしかに「フロート車」と呼ばれる「車輪のない車体」を両側からはさんでいることがよくわかる。「float」とはよく名づけたものだと感心できる。

全国でトップレベルの駅立ち食いそばや、駅弁の味が、富山駅に「かがやき」「はくたか」「つるぎ」を迎えた後も変わらないことを祈りたい。

富山県の人たちが関西へ出かけるとき、金沢駅での乗換えを強いられるようになったこと、また北陸本線の金沢駅～直江津駅間、および信越本線の長野駅～直江津駅間が第三セクター四社へ移管されたことは、心ある人たちに「simple is best」の思いをいっそう強くさせている。

北陸新幹線は、金沢駅～敦賀駅間の建設が決まって工事が始まっている。福井駅はすでに、新幹線のレールが敷ける大きな高架駅に生まれ変わっている。北陸新幹線が敦賀駅まで延伸すれば、金沢駅や福井駅で乗降する人たちも敦賀駅での乗換えを強いられることになる……。

富山地方鉄道市内線を走る、T100形。特徴的なフォルムだ。

X編成

国鉄→JR海 100系
JR海 N700系2000番台

国鉄→JR東 100系

１００系についてまだふれていなかったことといえば、まず、グリーン車のことがある。

昭和60年（１９８５）10月、１００系先行試作車「Ｘ０」編成が営業運転を始めたとき、10号車にもグリーン個室があったことはあまり知られていない。

９号車が二階建てグリーン車で、階下にグリーン個室が並んでいたこと、また、８号車が二階建て食堂車だったことは、いわずもがなである。

実は、平屋の10号車もグリーン車で、その四分の三が開放グリーン席、四分の一はグリーン個室になっていた。

10号車の９号車寄りにふたり用個室が一室（海側）、ひとり用個室が二室（山側）あったのだ。

昭和61年（１９８６）の量産化改造において、10号車の個室は撤去され、全車開放グリーン席となっている。量産化改造で「Ｘ０」編成は「Ｘ１」編成へ改称した。

次に、顔の見分け方について「Ｘ０」編成（→「Ｘ１」編成）の特異性については、すでに書いた（75ページ参照）。

「１００系Ｘ編成量産車およびＧ編成」と、「１００系３０００番台Ｖ編成〝グランドひかり〟」の顔は、以下のことが頭にはいれば、簡単に見分けがつく。

１００系Ｘ編成は12Ｍ４Ｔで登場した。

Ｍは台車に主電動機を備えている車両（電動車）であることを、また、Ｔは備えていない車両（付随車）、であることを表す。

100系X編成の場合、4両の付随車は、二階建て車両2両と、前後の先頭車2両である。

二階建て車両を4両つないで登場した100系V編成も、12M4Tであるが、4両の付随車は、二階建て車両にふりあてられ、先頭車はM車となった。

一般に、主電動機には、熱をもたないよう自然風を送る。その自然風の取入れ口が、100系V編成には設けてある。正面のキャップの下に、小さな穴が等間隔にいくつもあけられている。

X編成量産車の顔と、G編成の顔は見分けがつかない。

なお、東京駅で100系が見られなくなったのは、以下のとおり。

X編成……1999年（平成11）10月
V編成……2002年（平成14）6月
G編成……2003年（平成15）

G編成は同年8月いっぱいで定期運用を退き、9月の3日間、おもに東京駅〜新大阪駅間でサヨナラ特別興行を行っている。

100系G編成は晩年、おもに「こだま」で運用されたが、V編成については「こだま」で走ったという報告に接していないことを付け加えておこう。

JR海 N700系2000番台

東海道新幹線・山陽新幹線を走るN700系は細かく分けると六種になるが、まず、以下の三つに中別するとわかりやすい。

［第一期］
◇Z編成　0番台　JR東海
□N編成　3000番台　JR西日本
［第二期］
◇G編成　1000番台　JR東海
□F編成　4000番台　JR西日本

[第三期]

◇Ｘ編成　２０００番台　ＪＲ東海

□Ｋ編成　５０００番台　ＪＲ西日本

第三期が、いわゆる〝Ｎ７００Ａ〟で、その先進的な機能を第一期に追加して、編成記号および車号を変更した編成が第三期である。

第二期の車体側面には〝Ｎ７００Ａ〟の大きなロゴマークが掲出してあり（とくに「Ａ」が巨大）、第三期には、従来のマークの右に小さな「Ａ」が添えてある。

第一期はすべて第三期に改造されて、早晩、消えるといわれる。

Ｎ７００系は、新しいのか、そうでもないのか？

もちろん最新型である。量産先行試作車「Ｚ０」編成の報道公開が２００５年（平成17）３月。営業運転は、それぞれ以下の時点で始めている。

[第一期]

◇Ｚ編成　０番台　２００７年（平成19）７月

□Ｎ編成　３０００番台　２００７年（平成19）７月

[第二期]

◇Ｇ編成　１０００番台　２０１３年（平成25）２月

□Ｆ編成　４０００番台　２０１４年（平成26）２月

[第三期]

◇Ｘ編成　２０００番台　２０１３年（平成25）５月

□Ｋ編成　５０００番台　２０１３年（平成25）10月

しかし、新しいはずのＺ編成とＮ編成をすべて改造して、編成記号も変える――というから、頭のなかが混乱してくる。

この辺までくると、編成記号のアルファベットの意味するところは、まったく想像がつかない。見分けるのもむずかしい。

車体側面を飾るロゴマークを見るしかない。

N700系の量産先行試作車「Z0」編成および量産車は、車体側面に、「N700」の文字と車両イラストを組み合わせたロゴマークを掲出している。

もちろん、運転室の正面の窓や乗務員扉などに記された編成記号は、その編成の戸籍である。

〝N700A〟の普通車シートの枕の部分——その左右端が前方へかなり大きく張り出している。第一期、第三期はすこしだけ張り出している。

ちなみに、この張り出しは昔から今日まで、各種の鉄道車両で見られる。この部分に頭を預けて首の力を抜くことができて、眠るのに都合がよいが、高速バスではまだお日にかかったことがない。

結局、N700系2000番台X編成は、同0番台Z編成の改造車なのであるが、まだ、実態の解明は進んでいない。

N700系2000番台X編成の編成記号。「X41」編成であることがわかる。

X

Y編成

JR海 0系

JR海 0系 ▲

「バブル景気」の波にのってJR東海が、一編成の両数を12両から16両へ増強した編成である。国鉄から継承した「こだま」用0系を一編成12両から16両へ増強し、編成記号も「S・Sk」から「Y・Yk」へ変更した。

先頭車を〝小窓車〟1000番台や〝中窓車〟2000番台に取り替えていた編成が、「Sk」改め「Yk」である。

編成記号「Y」とはずいぶん飛んだものである。

0系に今さら「young」「youth」はないだろうし、編成を伸ばしたものに「yesterday」もあるまい……。それとも「yet」？

S・Sk編成であったうちから徐々に、普通車の、リクライニングシート化が進められていた。

また。指定席普通車の一部が〝2&2〟に改良され、そのことを表すオレンジ色のステッカーが乗客乗降ドアの横に掲出された。この〝2&2〟リクライニングシートの指定席普通車の一部は、「ぷらっとこだま」にも用いられた（189〜191ページ参照）。

0系が時速210キロからスピードをゆるめ、本線を離れてホームに横づけ、停止となるまで、また、発車して本線に乗り出しスピードを上げるまで、ほんとうに時間がかかった。後に改良されて、スピードアップされ、東海道新幹線のダイヤがみがかれた——と記憶するが、いつのことだったか思い出せない。

Y・Yk編成となってから後、0系の屋根上に無粋なパンタグラフ遮音板が立てられている。

Ｚ編成

JR海 Ｎ７００系
JR東 Ｅ６系

JR海 Ｎ７００系

「Ｚｅｒｏ」から出発「Ｎｅｗ」７００系——そのデビューを飾った編成のひとつがＺ編成である。

Ｚ編成はＪＲ東海に所属し５本、またＪＲ西日本所属のＮ編成は１本で出発の時を迎えた。

Ｎ７００系の営業運転開始を伝える『時刻表』２００７年（平成19）７月号を開くと、Ｎ７００系を使う「のぞみ」は以下の４往復であったことがわかる。

［下り］	東京	品川	新大阪	博多
99号	—	6:00	8:19	—
１号	6:00	6:07	8:25	10:50
25号	11:50	11:58	14:27	16:52
163号	21:20	21:27	23:45	—

［上り］	博多	新大阪	品川	東京
100号	—	6:00	8:19	8:26
26号	12:28	14:53	17:22	17:30
28号	12:50	15:30	17:59	18:06
52号	18:54	21:20	23:39	23:45

品川駅、新横浜駅、名古屋駅、京都駅に停車して、東京駅〜新大阪駅間２時間25分（１号・１６３号・52号）は立派だ。

東京駅発、朝一番の１号、同品川駅発99号、同新大阪駅発１００号、そして、新大阪駅着最終の１６３号、東京駅着最終の52号に、最新鋭Ｎ７００系が使われている。

ちなみに、東海道新幹線スタートのダイヤでは、超特急「ひかり」最終便の新大阪駅着が24時00分、東京駅着も24時00分だったことが思い出される。

N700系0番台Z編成、同3000番台N編成が走り始めたときの『JTB時刻表』、東海道新幹線・山陽新幹線のページを開くと、700系0番台C編成、同3000番台B編成、同7000番台E編成、500系W編成、300系0番台J編成、同3000番台F編成、100系P編成、同系K編成、0系R編成——というふうに、なんと歴代新幹線、営業用車両一八系列四八種のうち、六系列一一種もの車両が顔をそろえて活躍しており、「あの頃に帰りたい」の思いを強くさせられる。

JR東 E6系

E5系と併結運転を行う新在直通運転の営業用量産車が、編成記号「Z」である。

E955形高速試験車〝fastech360 Z〟「S10」編成（144ページ参照）によって開発、確認された技術事項が、E6系量産先行車「S12」編成（145ページ参照）に反映され、その「S12」編成の3年余りにわたる走行試験の成果を生かして、E6系量産車、営業運転用のZ編成がつくられた。

といっても、量産先行車「S12」編成と、量産車Z編成の間に、大きな差異はない。

編成記号の「Z」は〝fastech360 Z〟の遺伝子をもらって生まれ出たことを表しているものと思われる。

アルファベット最後の「Z」は、国内最速、最新鋭のE6系量産車に、たいへんふさわしい——と思われる。ただし〝fastech360 Z〟の「Z」は「zairaisen」の頭文字だというから、あまり深く考えないほうがよいのかもしれない。

11号車～17号車の7両編成。

最大傾斜角度1・5度の空気ばねストローク式車体傾斜装置を全車に備えているが、秋田新幹線では使用しない。

電気式アクチュエーターによるフルアクティブサスペンションを全車に装備。

最高時速は、東北新幹線の宇都宮駅〜盛岡駅間で320キロ、秋田新幹線で130キロ。

14号車の多目的トイレに、温水洗浄便座およびオストメイト設備を設置。

なお、E955形高速試験車〝fastech360 Z〟「S10」編成では、特高圧分割併合装置の技術開発も行われているが、量産先行車「S12」編成や量産車Z編成での採用は見送られている。

N700系0番台Z編成の編成記号。「Z 1」編成であることがわかる。

E5系とE6系の併結運転時においても、1個パンタですませようというねらいであった。従来の分割併合装置の上に、かなり大きな箱形のコネクタを設置して試験が行われている。

E6系Z編成は、2013年（平成25）3月16日に営業運転を始めた。

このときはまだ東北新幹線で最高時速300キロ。列車名は「スーパーこまち」だった。

そして、2014年（平成26）3月15日、計画どおり、最高時速を320キロに引き上げた。

東京駅〜盛岡駅間はE5系と併結。宇都宮駅〜盛岡駅間で時速320キロを出す。列車名も「こまち」に改めた。

2014年（平成26）4月現在、在籍両数は早くも161両（23本）に達している。

「A」から順に編成記号別に進めてきた車両解説は、これで「zero」となった。

Z

第3章　列車、車両、線路、トンネルなど

新下関駅にて。山陽新幹線開業までは、長門一ノ宮という駅名だった。東京方面からの新幹線はこの駅を出ると、新関門トンネルへと入っていく。

国立駅の近くに新幹線車両

東京都国分寺市《こくぶんじ》は古くから鉄道と縁が深い。

中央線電車が走る線路に沿って、国分寺駅〜西国分寺駅間の南側に広がる都立武蔵国分寺公園は、かつての中央鉄道学園の跡地につくられた市民憩いの場。その西側と北側に林立するマンション群も同学園の跡地に建設されている。

中央鉄道学園に入学できれば、3年間の在学中に、すでに給料をもらえて、卒業後は大卒者と同等の扱いで国鉄職員になれたので、全国から希望者が殺到し、入試は猛烈な倍率となった。

多数の校舎と寄宿舎のほか、運動場、陸上競技場、野球場各一面を有する広大な敷地を誇ったことが、公園内の案内板に書かれている。引込み線があり、0系をはじめとする教習用の車両も置かれていたという。

さて、国分寺市ひかりプラザは、国立駅《くにたち》から徒歩5〜10分ほど。教育関係の事務室や体育室を置いた市の施設であるが、この建物の玄関横に、新幹線車両が保存展示されている。

昭和44年（1969）3月に落成した951形の1両である。次期モデルチェンジ車両の試験車両としてつくられ、昭和48年（1973）まで働いている。編成記号をもらえなかった2両編成。

昭和47年（1972）2月、時速286キロという電車としては当時の世界最高速度を951形は記録している。これにより、新幹線の時速250キロ運転に技術的には目途がついたといわれる。車体はアルミニウム合金製、ボディマウント方式で、200系の先駆者である。

ひかりプラザでは車内を一般に公開しており、夕刻には、ちびっ子たちが運転席に座ってレバーをいじる姿が見られる。

951形は公益財団法人鉄道総合技術研究所（略して鉄道総研）から国分寺市へ無償譲渡されたという。ひかりプラザと鉄道総研、かつての国鉄鉄道技術研究所は、通りをはさんでお向かいの間柄だ。ひかりプラザの住所は国分寺市光町1丁目、鉄道総研は同2丁目。

なにしろ鉄道技術研究所こそは「夢の超特急」の技術面での生みの親であり、これを顕彰するために「光町」という町名がつくられたのである。変更前、界隈は平兵衛新田という地名であったという。

なお、光町1丁目には、鉄道情報システム（株）の中央システムセンターもある。全国に無数に設置された指定券予約などのためのコンピュータ端末――その元締めである超大型ホストコンピュータがここに置かれている。

「ひかりプラザ」には新幹線車両が保存展示されている。住所は「国分寺市光町1丁目46番8号」。もちろん新幹線「ひかり」にちなむ地名だ。

「エキスポこだま」、「特別」という名の列車

新幹線50年の歴史のなかで、夜行列車が二回走った。

一回目は日本万国博覧会（大阪万博）のとき、二回目は「２００２ＦＩＦＡワールドカップ」のときである。

とりわけ二回目は、新潟駅始発「あさひ１２４号」が東京駅に４時38分に到着したのだから、純粋な夜行列車だった。

大阪の千里丘陵で万博が開かれた年の夏、大阪駅から三島駅まで、在来線を走る臨時急行「エキスポこだま」が運転された。昭和45年（１９７０）７月３日発から９月13日発まで毎日走った。

	エキスポこだま
大阪	22時58分発
新大阪	23時03分発
京都	23時44分発
静岡	5時45分着
三島	6時53分着

三島駅で本物の「こだま」のお出ましとなる。全車指定席の12系客車から、全車自由席の新幹線電車へ乗継ぎだ。ただし、こちらも臨時列車の三島駅始発「こだま４９２号」である。東京駅には、８時10分に到着した。『時刻表』に「こだま４９２」のほか「エキスポこだま」の表示がある。

同様の夜行列車の下りは設定されていない。

夜間、東海道新幹線を走ったわけではないが、列車名からしても、一種の新幹線夜行列車だったと考えたい。

日本と韓国の共同開催で開かれた「２００２ＦＩＦＡワールドカップ」は記憶に新しいが、そのときに運転された新幹線の夜行列車となると、脳内ハードディスクに、データのかけらすら残っていない人のほうが多いのではないだろうか。

２００２年（平成14）６月に、珍事は起こった。

まず11日、東海道本線愛野《あいの》駅が最寄りの静岡スタジアムエコパからの帰宅客輸送のために、掛川駅を始発駅として以下のような臨時列車が運転された。列車の愛称は、なんと「特別」だった。

	特別1号
掛川	23時50分発
浜松	0時03分発
名古屋	0時44分着

翌12日も以下のような「特別」が走った。

	特別2号	特別4号
掛川	23時30分発	23時45分発
熱海	0時06分着	0時21分着
東京	0時49分着	1時04分着

	特別3号
掛川	0時31分発
浜松	0時44分発
名古屋	1時25分着

	特別6号	特別8号	特別10号	特別12号
掛川	0時01分発	0時15分発	0時30分発	0時41分発
熱海	0時37分着	0時51分着	1時06分着	1時17分着
東京	1時20分	1時34分	1時49分	2時00分着

続いて16日、新潟スタジアムビッグスワンからの帰宅客のために以下のような臨時列車が上越新幹線を走

った。途中の停車駅は長岡駅、越後湯沢駅、大宮駅、上野駅。

	Maxあさひ104号	あさひ106号	あさひ108号	あさひ110号
新潟	0時00分発	0時10分発	0時20分発	0時30分発
長岡	0時32分着	0時42分着	0時52分着	1時02分着
越後湯沢	1時09分着	1時19分着	1時29分着	1時39分着
大宮	2時19分着	2時29分着	2時39分着	2時49分着
上野	2時50分着	3時00分着	3時10分着	3時20分着
東京	2時58分着	3時08分着	3時18分着	3時28分着

	あさひ112号	あさひ114号	あさひ116号	Maxあさひ118号
新潟	0時40分発	0時50分発	1時00分発	1時10分発
長岡	1時12分着	1時22分着	1時32分着	1時42分着
越後湯沢	1時49分着	1時59分着	2時09分着	2時19分着
大宮	2時59分着	3時09分着	3時19分着	3時29分着
上野	3時30分着	3時40分着	3時50分着	4時00分着
東京	3時38分着	3時48分着	3時58分着	4時08分着

	Maxあさひ120号	Maxあさひ122号	あさひ124号
新潟	1時20分発	1時30分発	1時40分発
長岡	1時52分着	2時02分着	2時12分着
越後湯沢	2時29分着	2時39分着	2時49分着
大宮	3時39分着	3時49分着	3時59分着
上野	4時10分着	4時20分着	4時30分着
東京	4時18分着	4時28分着	4時38分着

掛川駅始発の「特別」は、どちらかというと、終電の延長だったが、新潟駅始発の「あさひ」は夜行列車そのものだった。

開業から7年半、「ひかり」は「超特急」だった——

たとえば、国土地理院発行の地形図——その品川駅付近から新横浜駅付近までをインターネットで閲覧すると、JRの路線に線名が付されていない。お手上げなのだろう。

横浜市保土ヶ谷区へ至って、ようやく「新幹線」の文字が現れる。

「東急池上線」「東急目黒線」「東急多摩川線」「東急東横線」の文字は大きく記載されている。しかし、これも正確とはいいがたい。

国土交通省鉄道局監修『鉄道要覧』に「東急多摩川線」の線名が見える。「東急池上線」と表記するのであれば「東急東急多摩川線」が正しいことになる。

会社名を頭に置くのであれば「東急　池上線」「東急　東急多摩川線」のような工夫が必要だ。

西大井《にしおおい》駅付近で東海道新幹線の下、そして武蔵小杉駅付近まで東海道新幹線の左に並ぶ路線に「JR東日本　横須賀線」の会社名・線名を添えることは、たしかにできない。横須賀線という路線の起点は大船駅、終点は久里浜駅。

品川駅付近、新横浜駅付近を貫く軌間1435ミリの鉄道に添えるべき線名は、現在は「東海道新幹線」が正しい。

50年の歴史のなかで、数度の改訂があった。

[昭和39年（1964）10月1日]

東京駅〜新大阪駅間が開業。このときはもちろん「東海道新幹線」である。

[昭和47年（1972）3月15日]

新大阪駅〜岡山駅間が開業。この日から「東京駅〜岡山駅間を新幹線と呼ぶ」と、国鉄は発表しているし『国鉄監修　交通公社の時刻表』も、そのように表記を変えた。

［昭和50年（1975）3月10日］

岡山駅〜博多駅間が開業。この日から「東京駅〜博多駅間を東海道・山陽新幹線と呼ぶ」と、国鉄は発表しているし『国鉄監修　交通公社の時刻表』も、そのように表記を変えた。

［昭和62年（1987）4月1日］

国鉄の分割民営化で東京駅〜新大阪駅間はJR東海が継承し、東海道新幹線となった。

以上のことを「どうでもよくない話」とするなら、開業当初の「ひかり」について語るときは、頭に「超特急」を置きたくなる。

超特急「ひかり」14往復、特急「こだま」16往復（区間運転を含む）で東海道新幹線は開業した。

「ひかり」が「超特急」を返上するのは岡山駅延伸のときである。それまでの全車指定席をやめて、1号車〜4号車を自由席とし、かつ「ひかり」「こだま」による特急料金の別立てもすこしくずれた。

『国鉄監修　交通公社の時刻表』昭和47年（1972）年2・3月号（3月14日までお使いください）を開くと、たとえば名古屋駅〜新大阪駅間の特急「こだま」の特急料金は700円、同区間の超特急「ひかり」の特急料金は900円と記載されている。

これが『国鉄監修　交通公社の時刻表』同年3月号では、「こだま」「ひかり」とも700円に変わっている。

東海道新幹線が開業した昭和39年（1964）秋、東京駅〜新大阪駅間の「超特急2等料金」は、1300円、「特急2等料金」は1100円だった。けれども、東京駅〜大阪駅間を在来線の急行で行けば、2等急行料金はその四分の一ほどの300円だった。

開業からしばらくの間、東海道新幹線、とりわけ超

特急〔こだま〕

駅名	東京	新横浜	小田原	熱海	三島	静岡	浜松	豊橋	名古屋	岐阜羽島	米原	京都
新大阪	2,230 1,500 2,000	2,150 1,500 2,000	1,980 1,300 2,000	1,890 1,300 2,000	1,810 1,300 2,000	1,560 1,100 1,400	1,220 900 1,400	1,140 900 1,400	800 700 800	630 700 800	470 700 800	160 ※400 800
京都	2,150 1,500 2,000	2,060 1,300 2,000	1,810 1,300 2,000	1,730 1,300 2,000	1,640 1,100 1,400	1,390 1,100 1,400	1,050 900 1,400	890 900 1,400	630 700 800	470 700 800	280 ※400 800	
米原	1,890 1,300 2,000	1,730 1,300 2,000	1,560 1,100 1,400	1,470 1,100 1,400	1,390 1,100 1,400	1,140 900 1,400	800 700 800	630 700 800	320 700 800	210 ※400 800		
岐阜羽島	1,640 1,100 1,400	1,560 1,100 1,400	1,310 1,100 1,400	1,220 900 1,400	1,140 900 1,400	890 900 1,400	550 700 800	470 700 800	140 ※400 800			
名古屋	1,560 1,100 1,400	1,390 1,100 1,400	1,220 900 1,400	1,140 900 1,400	1,050 900 1,400	800 700 800	470 700 800	320 ※400 800				
豊橋	1,220 900 1,400	1,140 900 1,400	890 900 1,400	800 700 800	720 700 800	470 700 800	160 ※400 800					
浜松	1,050 900 1,400	970 900 1,400	720 700 800	630 700 800	550 700 800	320 ※400 800						
静岡	800 700 800	630 700 800	400 700 800	320 700 800	240 ※400 800							
三島	550 700 800	400 700 800	160 700 800	80 ※400 800								
熱海	470 700 800	320 700 800	100 ※400 800									
小田原	360 700 800	240 ※400 800										
新横浜	120 ※400 800											

(注)※印の料金は普通車をご利用になる場合の料金です。（座席は指定しません）

超特急〔ひかり〕

駅名	東京	名古屋	京都
新大阪	2,230 1,900 2,000	800 900 800	160 ※400 800
京都	2,150 1,900 2,000	630 900 800	
名古屋	1,560 1,500 1,400		

●上段＝運賃
●中段＝特急料金
●下段＝グリーン料金

①普通車をご利用の場合は、上段の運賃と中段の特急料金の合計です。
②グリーン車をご利用の場合は、上段の運賃、中段の特急料金、下段のグリーン料金の合計です。

◇自由席特急料金
自由席がある車両は、東京←→新大阪直通の「こだま号」の1号車から8号車までと、東京←→新大阪直通以外の「こだま号」の普通車です。自由席特急料金は、「こだま号」の特急料金から100円を引いた額です。

◇特定特急料金
「こだま号」の1駅区間(例えば小田原－熱海間)および「ひかり号」の京都－新大阪間を普通車にお乗りになる場合の特急料金は400円です。この場合座席は指定しません。

昭和47年（1972）3月14日までの運賃・新幹線特急料金・グリーン料金。

特急「ひかり」は、特別な人たちが利用する特別な列車だったことが、この料金格差からもわかる。ようやく日本万国博覧会の昭和45年（1975）に大衆化が始まり、岡山駅延伸で「ひかり」が「超特急」ではなくなった昭和47年（1972）早春以降、大衆化は本格化する。それでも、新幹線の料金が在来線よりはるかに高いことに変わりはなく、在来線との乗継ぎ割引が堅持されていく。JR九州は、鹿児島ルート全通に際し、全エリアでこれを反故にした。

大量輸送時代の到来と営業制度

いわゆる「1－1ダイヤ」（1時間に超特急「ひかり」1本、特急「こだま」1本）でスタートした東海道新幹線であったが、昭和40年代にはいると利用者増に合わせて運転本数を増やし、日本万国博覧会（大阪万博）が開かれた昭和45年（1970）には、爆発的な需要増に超特急「ひかり」の16両化と「3－6ダイヤ」で応えた。

さらに2年後、岡山駅延伸により、旅客の利用実態は、開業当初とは比べものにならないほど、多岐にわたることになった。

そこで、昭和47年（1972）3月ダイヤ改正に合わせて、旅客営業制度の改正が実施され、博多駅延伸の昭和50年（1975）、その一部改訂が行われた。

国鉄新幹線総局発行の『新幹線ハンドブック』に、制度のポイントが、わかりやすい表現で箇条書きにされている。そのまま引用させていただくことにしよう。

①営業キロ程は在来線と同一の営業キロ程とし、実キロを基本としない。

②在来線の特急列車の運転速度とは非常な差異があるので、特急料金は在来線とは別立の料金である。

③定期乗車券は発売しない。

④新幹線と在来線の特急・急行列車と乗継乗車をする旅客に対しては、若干の制約はあるが、在来線の特急または普通急行料金を5割引する。

⑤編成車両が類似しており、かつ、列車が接近して運転されているので、指定席特急券所持の旅客が前後の列車に誤って乗車したときは、特例扱いと

岡山延伸15周年にあわせて発売された国鉄時代のオレンジカード。

して料金を収受しないで自由席に乗車させることができる。また、例えば浜松へ行く旅客が誤って、ひかり号に乗車した場合、上りこだま号で浜松まで戻るときも、特例扱いで料金を収受しない。

①②③は開業以来の決まりで、④は昭和40年（1965）11月に始まり、⑤が岡山駅延伸のときに明文化されたもの。

「改札口を出ない限り、列車を乗り換えて目的地へ向かってよい」という決まりもこのときに追加されている。

上越国境と関ヶ原は、どちらの勾配がきついのか——

いわゆる上越国境を貫く上越新幹線と、雪の名所、東海道新幹線の関ヶ原付近を比べて、どっちが勾配はきついのか。

東海道新幹線は、濃尾平野を突っ切った後、右手に岐阜県垂井《たるい》町の家並みを見下ろしながら上り坂にかかる。20パーミルを断続的に繰り返し、一旦ゆるくなるものの、在来線をくぐり関ヶ原トンネル（2810メートル）が近づくと、再び20パーミルの上り坂となる。関ヶ原トンネルのなかで頂点と県境を越えて、ゆるい勾配で滋賀県の近江盆地に踊り出る。右手に雄々しい山容の伊吹山。

これに対して上越新幹線は、吾妻《あがつま》線をまたぎ吾妻川橋梁を渡って中山トンネル（14857メートル）にはいると、12・0パーミルの上り坂となる。上毛高《じょうもうこう》原《げん》駅を過ぎ、月夜野トンネル（7295メートル）および短いトンネルふたつとスノーシェルターに覆われた暗闇（約1600メートル）を経て、大清水トンネル（22221メートル）に至る。まず6・0パーミル、続いて3・0パーミルの上り坂。

勾配の頂点が群馬と新潟の県境で、ここを過ぎると連続12・0パーミルの下り坂となる。およそ15キロにわたって大清水トンネル内を12・0パーミルで下り続け、抜け出たところが越後湯沢駅である。この先も、越後平野に至るまで下り坂が続くが、12・0パーミルを超える勾配はない。

以上のように、関ヶ原のほうが上越国境より、角度のきついアップダウンとなっている。

もちろん、上り坂・下り坂の長さでいえば比べものにならない。上越新幹線は高崎駅から長岡駅まで、およそ135キロにわたって、長い長い峠越えである。その頂点の標高は539メートル。関ヶ原トンネル内の頂点は173・8メートルにすぎない。

ただし、計画から開業まで時間のなかった東海道新幹線の場合、20・0パーミルのアップダウンは関ヶ原付近に限らず、いたるところにある。

東海道新幹線の運転士から「まるでジェットコースターのようだ」という感想を聞いたことがある。品川駅〜新横浜駅間、浜名湖の西、三河湾の眺めが左手の車窓に流れる坂野坂トンネルの前後、名古屋駅ホームの直前、「まもなく京都」の音羽山トンネル、東山トンネルの前後などで、20・0パーミル勾配が現れる。

そうした勾配の繰り返しを、あまり乗客に感じさせない走りっぷりは、さすが新幹線というべきだろう。

さて、それでは2014年（平成26）夏現在、全国の新幹線でいちばんきつい勾配区間はどこにあるのだろう。

ミニ新幹線を含めて見わたすと、山形新幹線の板谷峠、長野新幹線の碓氷峠あたりがまず頭に浮かぶ。また、九州新幹線の鹿児島県内にも急勾配があり、そのため800系は全電動車となったと聞く。

月刊『日本鉄道施設協会誌』ほかで調べてみたところ、以下のようになっているとのこと。

山形新幹線、福島駅〜米沢駅間　38・0パーミル
九州新幹線、川内駅〜鹿児島中央駅間　35・0パーミル
九州新幹線、博多駅〜新鳥栖駅間35・0パーミル
長野新幹線、安中榛名《あんなかはるな》駅〜軽井沢駅〜佐久平《さくだいら》駅〜上田駅間　30・0パーミル
秋田新幹線、盛岡駅〜雫石《しずくいし》駅〜田沢湖駅〜角館駅間　25・0パーミル
東北新幹線、盛岡駅〜いわて沼宮内《ぬまくない》駅〜二戸《にのへ》駅〜八戸駅間　20・0パーミル

「かがやき」は北陸～首都圏連絡の最優等列車

このように「かがやき」「きらめき」は、車両といい、ダイヤといい、画期的な北陸路のニューフェースとして走り始めた列車に与えられた愛称なのである。「かがやき」と接続する「あさひ」は、「かがやき」登場と同時に最高時速を240キロに引き上げた5往復のうちの2往復。途中の停車駅は長岡駅のみ。車両は12両編成の200系F編成。

このように「かがやき」「きらめき」は、発足から1年のJR西日本が大いに力を入れて北陸路に新設した最優等列車であったのだが、なにしろ昭和63年（1988）春といえば、青函トンネル開業、「北斗星」デビュー、瀬戸大橋の開通と、歴史的なビッグニュースが相次ぎ、「かがやき」「きらめき」は割を食った。

このたびの北陸新幹線の愛称選定において、速達列車「あさひ－かがやき」「ひかり－きらめき」は、すこしまぎらわしいものの、よく思いついた列車愛称だ。

昭和63年（1988）3月ダイヤ改正で、金沢駅～長岡駅間に「かがやき」、金沢駅～米原駅間に「きらめき」が登場。

「かがやき」は長岡駅で上越新幹線「あさひ」に、「きらめき」は米原駅で東海道新幹線・山陽新幹線の「ひかり」に接続。「かがやき」は2往復、「きらめき」は1往復の運転でスタートした。

車内のアコモデーションを改善し、車体色を改めた485系4両編成のハイグレード車が「かがやき」「きらめき」のために用意された。

「かがやき」の途中停車駅は高岡駅、富山駅、直江津駅のみ。「きらめき」は福井駅にのみ停車。

車の愛称に「かがやき」が抜擢されたとき、雑音が流れたのも、右記の事実が多くの人の記憶に留まらなかったせいだと思われる。

「かがやき」と名づけられた列車は、以下のように、順調に成長していく。

1989年（平成元）3月　4往復になる。
1990年（平成2）3月　6両編成になる。
1991年（平成3）3月　金沢駅方の先頭車をグリーン車とした6両編成に置き換え。福井駅〜長岡駅間に1往復増発。
1992年（平成4）3月　1往復増えて6往復になる。1往復は和倉温泉駅〜長岡駅間の運転となる。

そして、北越急行の開業で産声をあげた特急「はくたか」にバトンを渡して1997年（平成9）3月、「かがやき」は使命を終えた。500系「のぞみ」やE2系J編成「やまびこ」、E3系「こまち」デビューという華やかなニュースの陰で、「かがやき」は、ひっそりと消えた。

ヘッドマークには「スーパー」の文字があったが『時刻表』上の列車名は「かがやき」だった。(*)

山陽新幹線の車内で映画鑑賞ができた

気持ちよく晴れわたった1993年（平成5）5月初旬の午前、新大阪駅から岡山駅まで「ひかり33号」に54分間乗った。東京駅始発博多駅行きで、車両は100系X編成。ブランチを二階建て食堂車で楽しんで、すごした。

同じ日の夜、岡山駅から小倉駅まで〝ウエストひかり145号〟に1時間45分間、乗った。まず喫茶店ふうビュフェで夕食をとり、その後は〝シネマカー〟に居座った。

〝ウエストひかり〟は次のような編成だった。

0系Sk編成
1〜4号車――自由席普通車
5号車――ビュフェと自由席の合造車
6号車――自由席普通車
7号車――〝シネマカー〟と自由席の合造車
8号車――グリーン車
9〜12号車――指定席普通車

ところで『交通公社の時刻表』昭和63年（1988）4月号に「山陽新幹線にビデオカー登場」と題した大きな紹介記事がのっている。

ビデオスクリーンは50インチの大画面――。〝ビデオカー〟連結の列車は新大阪駅と博多駅を結ぶ次の定期「ひかり」2往復とある。放映開始は4月1日。定員38名。

	新大阪駅	博多駅
ひかり81号	7時45分発	10時46分着
ひかり93号	18時25分発	21時37分着

	博多駅	新大阪駅
ひかり182号	11時49分発	15時16分着
ひかり194号	17時49分発	21時37分着

出し物は、次のように、人気作品が期日を定めて交代していく仕組みで、街の映画館に近い。

バックトゥザフューチャー（116分　下り4月1日～15日）

007美しき獲物たち（130分　下り16日～28日）

ロッキー4（91分　上り4月1日～15日）

インディージョーンズ（118分　16日～28日）

同『時刻表』の本文ページに「車内でビデオ室整理券600円をお求めください」とある。

ただし、ゴールデンウィーク、8月旧盆、年末年始はビデオを放映せず、ビデオ室は自由席とする――という注意書きが添えられている。

以下、かなりややこしい話になるのだが、丁寧に記録しておくことにしたい。

〝ビデオカー〟連結の「ひかり」2往復は、登場の時点で、あくまでも「ひかり」であって〝ウエストひかり〟とはされていない。

〝ウエストひかり〟は、これよりほんのすこし前、昭和63年（1988）3月13日、0系6両編成4本（「R51」編成～「R54」編成）を使って運転開始となった列車であり、グリーン車は連結しておらず、客席はすべて〝2＆2〟のリクライニングシートにリニューアルされていた。

その半月後の4月1日、〝ビデオカー〟を連結して走り始めた「ひかり」2往復用の車両は0系12両編成2本（「Sk17」編成・「Sk19」編成）であって、こちらはまだ〝2＆2〟に改装されていなかった。

同じ年の『JR時刻表』8月号を開くと、早くも大きな変化が見られる。〝ビデオカー〟連結の列車は、次のように変わっている。

	新大阪駅発	博多駅着
ウエストひかり81号	7時45分	10時46分
ウエストひかり55号	9時30分	12時39分
ウエストひかり93号	18時25分	21時37分

	博多駅発	新大阪駅着
ウエストひかり182号	11時49分	15時16分
ウエストひかり194号	17時49分	21時18分

つまり、0系Sk編成3本（「Sk5」編成が加わる）の普通車が〝2&2〟に改装されて〝ウエストひかり〟に昇格したのである。〝ウエストひかり〟への変身は8月1日または2日であり、〝ビデオカー〟の営業は、それぞれ8月中に半分ほどの日数となっている。

また、この時点でビデオ室整理券が500円に下がり、上り1本が追加されている。

翌1989年（平成元）3月からは、ほぼ毎日〝ビデオカー〟を営業。

同1989年（平成元）夏に〝シネマカー〟と改称するとともに、博多駅行きの朝の2本については、シネマ室整理券が無料となった。

たしかに〝シネマカー〟のほうが耳ざわりはよいし、実態を表している。

そして、この年、1989年（平成元）12月1日から全列車が無料となり、1990年（平成2）3月ダイヤ改正で〝シネマカー〟連結の〝ウエストひかり〟は1本増えて3往復になっている。

この頃の出し物には、「ポセイドン・アドベンチャー2」（115分）、「思えば遠くへ来たもんだ」（92分）、「男はつらいよ・奮闘篇」（91分）、「ラスト・エンペラー」（163分）「トラック野郎・突撃一番星」（103分）などが顔を並べ、あいかわらずの豪華なラインナップだ。こうした世間で話題の映画を楽しみながら、山陽路を東へ西へと移動できたのである。

さて、私は、誕生から5年後に、新幹線の映画館に初めて足を踏み入れたわけだが、スクリーンから遠ざかるほど、座席がほんのすこしずつ高い位置に設けてあること、最前部だけでなく天井にもスピーカーが設置してあること、フットライトが暗い室内の数ヵ所で灯っていることをメモしただけで、なんという映画を観たのかは記録も記憶もない。たぶん眠っていたのだろう。

「ぷらっとこだま」で、東海道新幹線安上がり――

「ぷらっとこだま」のスタートは、そもそも、いつだったのか――。

周知のように「ぷらっとこだま」は、JR東海ツアーズが募集する「添乗員なし、ひとりで参加できる団体ツアー」であって、いわゆる〝トクトクきっぷ〟ではないから『時刻表』巻頭の「割引きっぷご案内」を見ても出てこない。

『時刻表』ではらちがあかないので、いわゆる〝鉄ちゃん〟の育成に大いに寄与した月刊『旅』(JTB)の1990年代、鉄道特集号をひっくり返してみた。

1993年(平成5)10月号に、私が書いた「汽車旅トクトク旅行術」なる記事がある。

その最初の項目が、見出しを「東京~新大阪、1万円でお釣りがくる」とした「ぷらっとこだま」への賛辞だった。

――東京から大阪まで新幹線で行くと「のぞみ」の普通車で1万4430円(通常期)、「ひかり」の普通車自由席で1万2980円かかる。これが『ぷらっとこだまエコノミープラン」なら1万円でお釣りがくるというのだから、ビックリ仰天!

そうしてみると、「ぷらっとこだま」のスタートは、これより前、どうやらJR発足の直後だったようだ。

この記事は、JR東海ツアーズ営業部商品企画課からもらった詳細な資料を元にして書いた。

ちなみに、この資料は手書きだった。ワープロが世間にいきわたるのは、まだこれより数年先のことである。パソコンやケータイは雲の彼方。

机の抽斗に保存されていたその資料を引っ張り出し

て、あらためて目を通してみると、「ぷらっとこだま」の利点のひとつとして「発売開始日が早い」ことが力説されている。

たしかに、1993年（平成5）7月19日には、早くも同年10月〜翌1994年（平成6）3月の利用分が売り出される――というから、夏のうちに秋と年末年始、さらに春の旅の足が予約できてしまうのだ。私は大いに感心して、お正月の帰省などで難儀をしているファミリーには朗報だろう――と『旅』に書いた。

また、この年の秋の改正点として、以下のようなことが資料にあげてある。

☆対象列車を一日上り下り11本から18本へ拡大。
☆こども料金を新設。
☆名古屋駅〜京都駅・新大阪駅間の料金を値下げ。
☆静岡駅発着コースを新設。
☆名称を「ぷらっとこだまエコノミープラン」に変更。それまでは「ぷらっとこだまビジネスプラン」だった。

それはそれとして、私事をいえば、東京駅から新大阪駅まで事前購入で一度、名古屋駅から東京駅まで直前購入で一度、「ぷらっとこだま」をひとりで利用したことがある。その二度の経験で、どうも私は〝おトク〟をいまいち実感していない。それで、三度目以降は長くお預けになっている。

まさしく、新幹線のよさは、ぷらっと駅へ行って好きな列車に乗れることなのだが、その点「ぷらっとこだま」は、自由度が不足している。

もうすこしだけ値段が安いとか、「ビューンとひかり」を新設して岡山駅方面へ拡大とかいうことになれば、話は変わってくるのかもしれない……。

さらに探していたら、机の抽斗から重要な〝史料〟が出てきた。

「ビジネス得急便　新登場　ぷらっとこだま」と題したチラシである。いろいろ書いてある。1990年（平成2）5月20日〜同年9月30日と利用期間が表面に、またタイムテーブルと料金、さらに「上手なご利用のアドバイス」などが裏面に記されている。最少催行人員15名という注意書きもある。

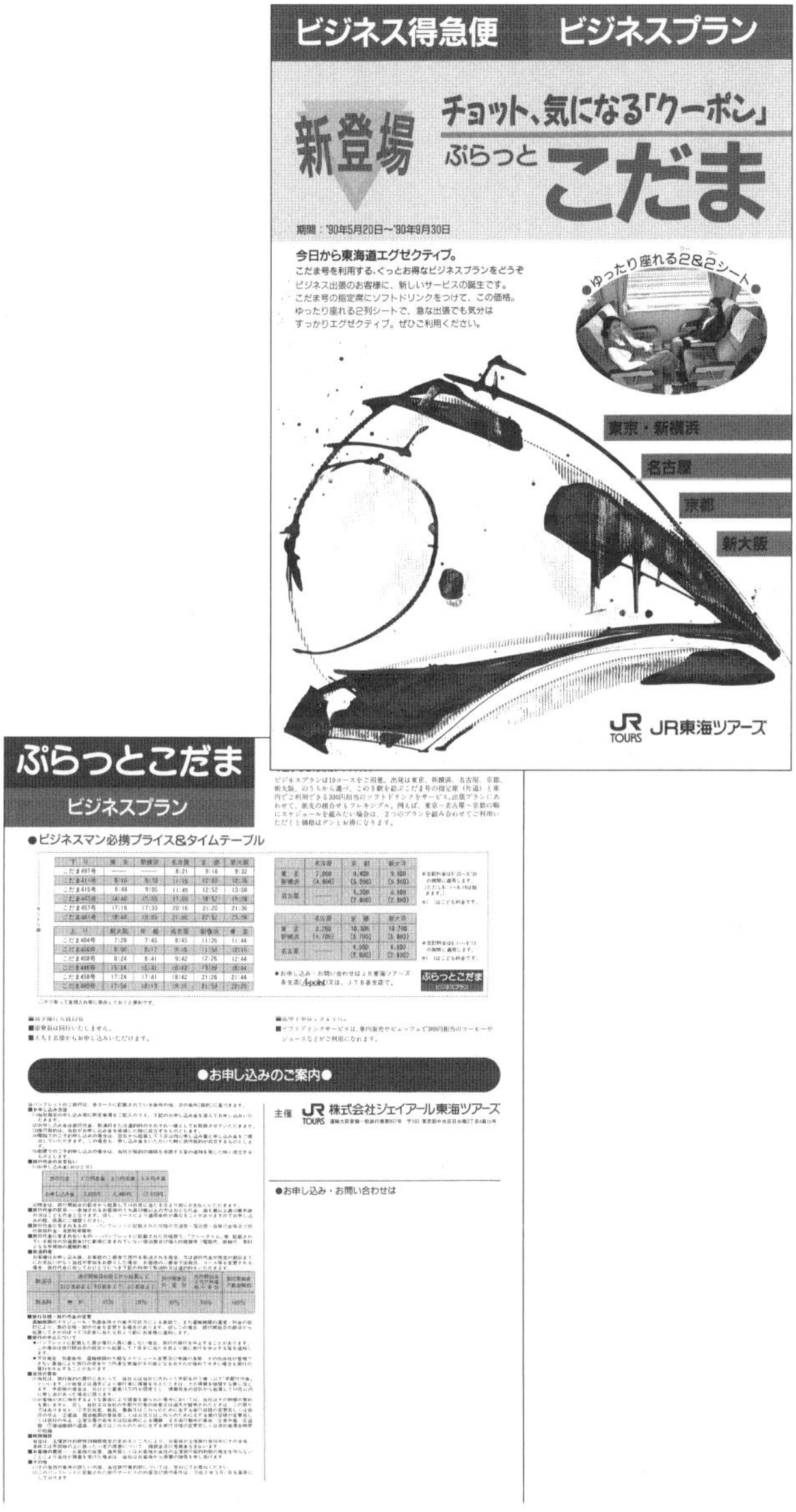

ＪＲ東海ツアーズ「ぷらっとこだま」のチラシ。

「ぷらっとこだま」のスタートは１９９０（平成２）年５月だったのだ。

「GO・GOフリーきっぷ」で新幹線を乗り放題――

急行「能登」、同「アルプス」のほか臨時夜行急行「八甲田」、同「津軽」、同「加賀」、同「妙高」、同「アルプス81号」、同「アルプス85号」、臨時夜行快速、新宿駅始発松本駅行き（愛称なし）といったGOかな面々が居並んでいるではないか。

別に特急寝台券などを買い足せば「はくつる」「あけぼの」「北陸」、臨時「はくつる82号」「はくつる81号」、定期快速「ムーンライトえちご」にも乗れるというふうに、たいへんなことになっている。

まるで、花火大会のフィナーレを飾る大量、連続一気上げのようだ。

タイムカプセルから出てきた「GO・GOフリーきっぷ」の宣伝チラシ数枚には、以下のようなことが書いてある。

「GO・GOフリーきっぷ」の中身となると、もうたいていの人が忘却の彼方であろう。私もすっかり意識の外だったが、利用メモ、きっぷの現物、および宣伝チラシが押入れの奥に残っていた。

なんと、ゴールデンウィークや夏休み、春休みのさなかの連続する3日間、「東日本旅客鉄道会社線全線」全列車の自由席が利用できたGOかな割引きっぷだったのだ。

そのうえ、きっぷ裏面「ご案内」に「有効期間の翌日にまたがりご乗車する場合は、途中で下車されない限り乗車されている列車の終着駅まで有効です」とある。

1997年（平成9）の『時刻表』7月号を開くと、4日目の朝まで乗れる自由席つきの列車として、定期

◆GO・GOフリーきっぷ

［値段］おとな2万4000円　こども1万2000円［利用期間］1995年（平成7）4月28日（金）

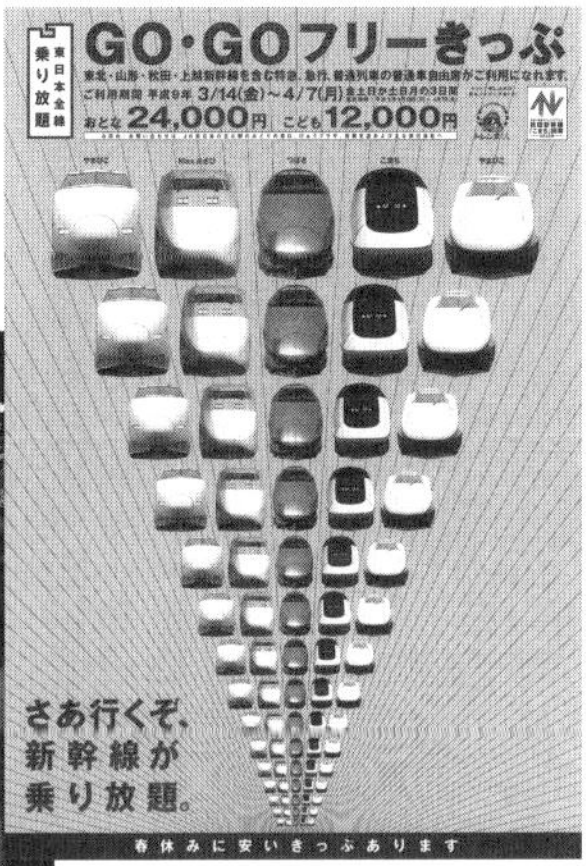

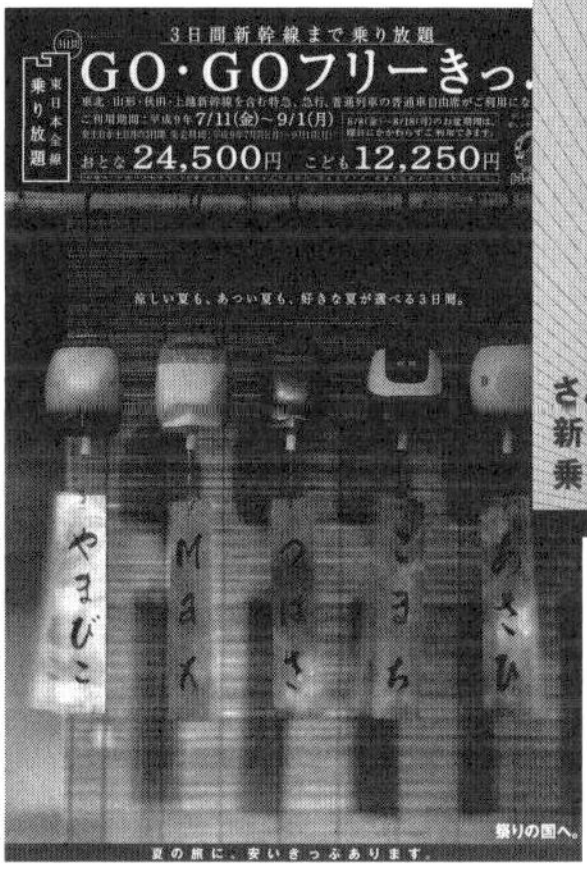

ＪＲ東日本の全線が新幹線（自由席）を含め乗り放題のとてもお得なきっぷ。この前後には同様の条件のフリーきっぷが、条件や名称を替えていくつも登場している。

から5月7日（日）までの期間のうち、連続する3日間有効。

◆GO・GOサマーきっぷ

［値段］おとな2万4000円　こども1万2000円［利用期間］1995年（平成7）7月14日（金）～8月28日（月）の間の連続する金・土・日、または土・日・月の3日間。ただし、8月11日（金）～8月21日（月）の間は、曜日にかかわらず連続する3日。

そして、1996年（平成8）は、春休み（3月15日～4月8日）が加わり、夏季の利用期間が7月12日～9月2日に延びた。

1997年（平成9）はゴールデンウィークがなくなり、夏季が7月11日～9月1日に縮んでいる。

連休の家族旅行だけでなく、首都圏在住で東北・新潟地方を出身地とする数しれぬ人たちは、この頃、ほんとうに財布を傷めず、すばやく、快適に、しばしば帰省ができたのだった。ＪＲ東日本への感謝の気持ちを忘れてはいけませんね。

東京から鹿児島へ行くなら小倉駅で乗り換え――

東海道新幹線・山陽新幹線・九州新幹線の直通初乗りを2013（平成25）年10月に実行した。

鹿児島市電の取材が主目的で、もしスケジュールが1ヵ月以上前から確定できていたなら、飛行機の格安席をネットで予約しただろう……。

以下のような理由と、まだ直通初乗りを果たしていなかった後ろめたさから新幹線乗継ぎを選択した。

東京都心～鹿児島市中心部間の所要時間および足代は、飛行機（ノーマルチケット＋アクセス乗り物代）に新幹線（自由席）が大きく水をあけられている――というものではない。それに、新幹線を選べば「この際、あそこにも寄ってこよう」が可能となる。川崎駅～鹿児島中央駅間の好みの駅で、途中下車ができる。お好み焼きのようなものだ。

空の格安チケットが、いつでも気軽に入手できるようになっているのであれば話は別だが、自由度の大きさで新幹線自由席も十分に競争力があると、私は思う。

2014年（平成26）夏現在、自由席特急料金は、東京駅～鹿児島中央駅間、1万3450円×2（途中下車に応じて変わってくる）、東京都区内～鹿児島中央駅間の往復割引運賃2万9520円。途中下車をしなければ計5万6420円である。空の足代は、いったい何円と考えればいいのか……。不明朗すぎる。

朝一番の東京駅6時00分発「のぞみ1号」、または同じ6時00分に品川駅を発車する「のぞみ99号」で出発すれば、鹿児島中央駅に、お昼の12時41分、または12時45分に着く。

12時41分着は、新下関駅始発「さくら407号」に乗り継いだ場合。12時45分着は新大阪駅始発「みずほ６０５号」に乗り継いだ場合。

どちらを選んでも、乗換え駅は小倉駅とするのが無難だ。新大阪駅では混雑にもまれながら別のホームへはるばる移動しなければならないし、博多駅の構造もシンプルではない。その点、小倉駅であれば、おりたホームをすこし中ほどまで歩くだけでよい。「のぞみ99号」から「みずほ６０５号」への乗換えであれば、小倉駅で37分もの待ち時間が生まれる。食事や買い物、トイレタイムとするのに十分すぎる余裕時間だ。

私が「のぞみ99号」から「さくら４０７号」へ乗り継いだ日、「さくら４０７号」の自由席は、案の定、小倉駅ではまだガラガラだった。

なお、２０１４（平成26）年3月15日ダイヤ改正で、「のぞみ99号」から「さくら４０７号」へ乗り継ぐ場合の鹿児島中央駅着は、３分短縮されて、12時38分着となっている。

「さくら４０７号」が博多駅を出て博多南線との共用区間を過ぎるころ、左手の車窓眼下にＪＲ西日本の博多総合車両所が流れた。南端に１００系Ｖ編成の二階建て車両が留置されていて、ぎょっとする眺めであったが、思うに、京都梅小路に新設される鉄道博物館に納まることになっていて、解体を免れているのだろう。

なお、東京駅〜鹿児島中央駅間、新幹線往復足代の詳細は以下のとおり。

Ⓐ東京駅〜博多駅間自由席特急料金は８５１０円。

Ⓑ博多駅〜鹿児島中央駅間自由席特急料金（乗継ぎ割引なし）は４９４０円。

Ⓒ東京駅〜鹿児島中央駅間の運賃計算キロは１４６８・２キロ。したがって片道運賃基準額は１万５９８０円。

Ⓓ博多駅〜鹿児島中央駅間の営業キロは２８８・９キロなので、運賃加算額は４３０円。

Ⓔ（Ⓒ＋Ⓓ）×０・９＝１万４７６９の10円未満を切り捨てて２倍にした２万９５２０円が、東京駅〜鹿児島中央駅間の往復割引運賃。

資料編

歴代 事業用車両一覧（落成順）

車両称号	編成記号	愛称	種別	運用	編成両数(両)	落成	使命の終了（または廃車）	備考
1000形	A		試作電車	国鉄	2	昭和37年（1962）4月	昭和50年（1975）	
1000形	B		試作電車	国鉄	4	昭和37年（1962）4月		↓「T1」編成
1000形	C		量産先行車	国鉄	6	昭和39年（1964）2月		↓「N1」編成
922形	T1		電気検測車	国鉄	4	昭和39年（1964）	昭和50年（1975）	↑1000形「B」編成
951形	—		試験電車	国鉄	2	昭和44年（1969）3月	昭和55年（1980）	
961形	—		試作電車	国鉄↓JR東	6	昭和48年（1973）7月		↓「S3」編成
922形・921形	T2	ドクターイエロー	電気軌道総合試験車	国鉄↓JR海	7	昭和49年（1974）10月	平成13年（2001）	
922形・921形	T3	ドクターイエロー	電気軌道総合試験車	国鉄↓JR西	7	昭和54年（1979）11月	平成17年（2005）	
962形	—		試作電車	国鉄	6	昭和54年（1979）		↓「S2」編成
925形・921形	S1	ドクターイエロー	電気軌道総合試験車	国鉄↓JR東	7	昭和54年（1979）	平成13年（2001）	
925形・921形	S2	ドクターイエロー	電気軌道総合試験車	国鉄↓JR東	7	昭和58年（1983）	平成15年（2003）1月	↑962形ほか
100系9000番台	X0		先行試作車	国鉄↓JR海	16	昭和60年（1985）3月		↓「X1」編成
300系9000番台	J0		先行試作車	JR海	16	平成2年（1990）3月		↓「J1」編成
400系	S4		先行試作車	JR東	6	平成2年（1990）10月		↓「L1」編成
952形・953形	S5	STAR21	高速試験車	JR東	9	平成4年（1992）2月	平成10年（1998）2月	
500系900番台	W0	WIN350	高速試験車	JR西	6	平成4年（1992）4月	平成8年（1996）5月	
955形	A0	300X	高速試験車	JR海	6	平成6年（1994）12月	平成14年（2002）2月	
E3系	S8		量産先行車	JR東	5	平成7年（1995）4月		↓「R1」編成
E2系	S7		量産先行車	JR東	8	平成7年（1995）5月		↓「J1」編成

E2系	S6		量産先行車	JR東	8	平成7年（1995）6月		↓「N1」編成
700系9000番台	C0		量産先行試作車	JR海	16	平成9年（1997）10月		↓「C1」編成
923形	T4	ドクターイエロー	電気軌道総合試験車	JR海	7	平成12年（2000）10月	―	
E926形	S51	East-i	電気軌道総合試験車	JR東	6	平成13年（2001）9月	―	
923形3000番台	T5	ドクターイエロー	電気軌道総合試験車	JR西	7	平成17年（2005）3月	―	
N700系9000番台	Z0		量産先行試作車	JR海	16	平成17年（2005）3月	―	
E954形	S9	fastech360S	高速試験車	JR東	8	平成17年（2005）6月	平成21年（2009）9月	
E955形	S10	fastech360Z	高速試験車	JR東	6	平成18年（2006）4月	平成20年（2008）12月	
E5系	S11		量産先行車	JR東	10	平成21年（2009）6月		↓「U1」編成
E6系	S12		量産先行車	JR東	7	平成22年（2010）7月		↓「Z1」編成

系列	番台	編成記号	運行	1編成の両数	試運転の開始（または落成、または製造初年）	月	営業運転の開始	月	リニューアル、改造などによる編成記号の変更終了（または開始）	月	引退	月	おもな使用列車
0		N*1	国鉄	12（一部→16）	昭和39／1964	2	昭和39／1964	10	昭和46／1971	12			ひかり こだま
		R*2	国鉄	12（一部→16）			昭和39／1964	10	昭和46／1971	12			ひかり こだま
		K*3	国鉄	12（一部→16）			昭和39／1964	10	昭和46／1971	12			ひかり こだま
		S*4	国鉄	12（一部→16）			昭和39／1964	10	昭和46／1971	12			ひかり こだま
		H*5	国鉄	12（一部→16）			昭和39／1964	10	昭和46／1971	12			ひかり こだま
		T*6	国鉄	12（一部→16）			昭和42／1967	10	昭和46／1971	12			ひかり こだま
		H	国鉄→JR海・JR西	16			昭和46／1971	12			1997／平成9		ひかり
		S	国鉄	12			昭和46／1971	12	昭和48／1973	6			こだま
		K	国鉄	16			昭和47／1972	10	昭和60／1985	3			こだま
	1000	N97〜	国鉄→JR海・JR西	16			昭和51／1976				1994／平成6		ひかり
		NH	国鉄→JR海・JR西	16			昭和51／1976				1999／平成11	8	ひかり
		S	国鉄→JR海・JR西	12			昭和59／1984	4	1991／平成2				こだま ひかり

0		Sk	国鉄→JR海・JR西	12			昭和59/1984	4	1991/平成2		2000/平成12	4	こだま
		R0	国鉄	6			昭和60/1985	6	昭和61/1986				こだま
		R1～	国鉄→JR西	6			昭和61/1986				2006/平成18		こだま
		Y	JR海	16			1989/平成元	4			1996/平成8		こだま
		Yk	JR海	16			1989/平成元	4			1999/平成11	9	こだま
		R51～ *7	JR西	6			昭和62/1987	12	1904/平成6	8			ひかり
	1000	R51	JR西	4			1997/平成9	3	1907/平成9	11			こだま
		Q	JR西	4			1997/平成9	11	2001/平成13	9			こだま
		R61～ *8	JR西	6			2000/平成12	4	2004/平成16	3			こだま
		R61～ *9	JR西	6			2002/平成14	5			2008/平成20	11	こだま
100	9000	X0↓X1	国鉄→JR海	16	昭和60/1985	3	昭和60/1985	10			1991/平成11	10	ひかり
		G1～G4↓X2～X5	国鉄→JR海	12↓10			昭和61/1986	6	昭和01/1986	11			こだま ひかり
		X6～	国鉄→JR海	16			昭和61/1986	11			2000/平成12	10	ひかり
		G1～	JR海→JR西	16			昭和63/1988	3			2004/平成16	1	ひかり こだま
	3000	V1～	JR西	16			1989/平成元	3			2002/平成14	11	ひかり
		P	JR西	4			2000/平成12	10	2005/平成17	3			こだま
		K	JR西	6			2002/平成14	2	2014/平成16	10			こだま
		P *10	JR西	4			2002/平成14	8			2011/平成23	3	こだま
		K *11	JR西	6			2002/平成14	8			2012/平成24	3	こだま
200		E	国鉄→JR東	12			昭和57/1982	6			1993/平成5	9	やまびこ あおば あさひ とき

200		F	国鉄→JR東	12			昭和60/1985	3			2004/平成16	3	やまびこ
200		F*12	国鉄→JR東	12			昭和62/1987	3	1991/平成3	3			やまびこ
200		G	JR東	10→8			昭和62/1987	4			1999/平成11	12	とき
200		F90〜	JR東	12			1990/平成2	3			2004/平成16	3	あさひ
200		H	JR東	13			1990/平成2	6	1991/平成3	3			やまびこ
200		H	JR東	16			1991/平成3	3			2004/平成16	3	やまびこ
200		K	JR東	8→10			1992/平成4	7	2006/平成18	1			やまびこ
200		F80	JR東	12			1998/平成10	1			2004/平成16	3	あさま
200		K*13	JR東	10			1999/平成11	3			2013/平成25	3	なすの たにがわ
300	9000	J0→J1	JR海	16	1990/平成2	3	1992/平成4	3			2008/平成20		のぞみ
300		J2〜	JR海	16			1992/平成4	3			2012/平成24	3	のぞみ
300	3000	F1〜	JR西	16			1993/平成5	3			2012/平成24	3	ひかり のぞみ
400		S4→L1	JR東	6→7	1990/平成2	2	1992/平成4	7	2000/平成12	3			つばさ
400		L2〜	JR東	6→7			1992/平成4	7	2001/平成13	10			つばさ
400		L1〜*14	JR東	7			1999/平成11	12			2010/平成22	4	つばさ なすの
500		W1	JR西	16	1996/平成8	1	1997/平成9	3			2010/平成22	2	のぞみ
500		W2〜	JR西	16			1997/平成9	11			2010/平成22	2	のぞみ
500	7000	V	JR西	8			2008/平成20	12					こだま
700	9000	C0→C1	JR海	16	1997/平成9	9	1999/平成11	10					のぞみ
700		C2〜	JR海	16			1999/平成11	3					のぞみ ひかり
700	7000	E	JR西	8			2000/平成12	3					ひかり こだま

E4			E3								E2							E1		700
				2000	1000	2000	1000					1000	1000							3000
P81〜	P51〜	P1〜	R18	L61〜 *17	L51〜 *16	L61〜	L51〜	R17〜	R2〜	S8→R1	N21（↑J1）	J52〜	J51	N2〜	J2〜	S6→N1	S7→J1	M *15	M	B
JR東	JR東	JR東	JR東	JR東	JR東	JR東	JR東	JR東	JR東	JR東	JR東	JR東	JR東	JR東	JR東	JR東	JR東	JR東	JR東	JR西
8 *20	8 *19	8 *18	7	7	7	7	7	6	5→6	5→6	8	10	10	8	8→10	8	8	12	12	16
2003/平成15	2001/平成13						1999/平成11			1995/平成7	2002/平成14		2001/平成13			1995/平成7	1995/平成7		1994/平成6	
7*23	1*22						9			3	10		1			6	5		3	
		1997/平成9	2014/平成26	2014/平成26	2014/平成26	2008/平成20	1999/平成11	1998/平成10	1997/平成9	1997/平成9		2002/平成14	2001/平成13	1997/平成9	1997/平成9	1997/平成9	1997/平成9	2003/平成15	1994/平成6	2001/平成13
		12	7	4		12	12	10	3	3		7	11	10	3	10	7	11	3	10
		2014/平成26																	2006/平成18	
		4																	3	
									2014/平成26	2013/平成25								1994/平成24		
										7								9		
Maxたにがわ	Maxあさま	Maxやまびこ	とれいゆ つばさ	つばさ	つばさ	つばさ	つばさ	こまち	こまち	こまち	あさま	はやて やまびこ	はやて やまびこ	あさま とき	やまびこ なすの	あさま	やまびこ	Maxとき	Maxなすの	ひかり

E4		P1〜[24]	JR東	8[21]									Maxとき
800		U001	JR九	6	2003/平成15	6	2004/平成16	3	—		—		つばめ
		U002〜	JR九	6			2004/平成16	3	—		—		つばめ
		U001〜[25]	JR九	6					2011/平成23	3	—		つばめ さくら
	1000	U007	JR九	6			2009/平成21	8	—		—		つばめ さくら
	2000	U008	JR九	6	2010/平成22	3[26]			—		—		つばめ さくら
	1000	U009	JR九	6	2010/平成22	11[27]			—		—		つばめ さくら
N700	9000	Z0	JR海	16	2005/平成17	3	—		—		—		のぞみ
		Z1〜	JR海	16			2007/平成19	7	—		—		のぞみ
	3000	N〜	JR西	16			2007/平成19	7	—		—		のぞみ
	7000	S1	JR西	8	2008/平成20	10	2011/平成23	3	—		—		みずほ さくら
	7000	S2〜	JR西	8			2011/平成23	3	—		—		みずほ さくら
	8000	R	JR九	8	2010/平成22	7	2011/平成23	3	—		—		みずほ さくら
	1000	G	JR海	16	2012/平成24	8	2013/平成25	2	—		—		のぞみ
	4000	F	JR西	16	2013/平成25	11	2014/平成26	2	—		—		のぞみ
	2000	X	JR海	16			2013/平成25	5	—		—		のぞみ
	5000	K	JR西	16			2013/平成25	10	—		—		のぞみ
E5		S11→U1	JR東	10	2007/平成21	6	2013/平成25	3	—		—		はやぶさ はやて
		U2〜	JR東	10			2011/平成23	3	—		—		はやぶさ やまびこ
E6		S12→Z1	JR東	7	2010/平成22	7	2014/平成26	3	—		—		こまち
		Z2〜	JR東	7			2013/平成25	3	—		—		スーパーこまち

E7		F1〜	JR東	12	2013／平成25 11	2014／平成26 3	—	—	あさま はくたか
W7		W1	JR西	12	2014／平成26 4	2015／平成27 3	—	—	はくたか つるぎ
		W2〜	JR西	12		2015／平成27 3	—	—	かがやき あさま
H5		未定	JR北	10	2014／平成26	2016／平成28 春予定	—	—	未定

＊1〜6 編成記号は メーカー別。「ひかり」用編成は昭和45（1970）年2月までに16両化。この時点で編成記号は変わらず。

＊7 主として〃ウエストひかり〃用

＊8 通称〃ウエストこだまWR編成〃

＊9〜11 車体色変更編成

＊12 先頭車は2000番台または200番台

＊13 リニューアル改造編成

＊14〜17 車体色変更編成

＊18〜21 2本連結して16編成にもなる

＊22〜23 新製年月

＊24 帯色変更編成

＊25 エクステリアデザインを一部変更

＊26〜27 新製年月

時代別 営業用車両 一覧

系列	番台	所属	編成紀号	1編成の両数（両）	在籍本数（本）	最高時速（キロ）	走行路線	おもな使用列車
昭和39年（1964）10月1日現在								
新幹線電車（0系）		国鉄	N R K S H	12	30	210	東海道新幹線	ひかり こだま
昭和45年（1970）4月1日現在								
新幹線電車（0系）		国鉄	N R K S H T	16	30	210	東海道新幹線	ひかり
〃		〃	〃	12	55	〃	〃	こだま
昭和50年（1975）4月1日現在								
新幹線電車（0系）		国鉄	H	16	86	210	東海道・山陽新幹線	ひかり
〃		〃	K	〃	47	〃	〃	こだま
昭和58年（1983）4月1日現在								
0系		国鉄	NH H	16	99	210	東海道・山陽新幹線	ひかり
〃	1000	〃	N97 N98 N99	〃	3	〃	〃	〃
〃		〃	K	〃	41	〃	〃	こだま
200系		〃	E	12	36	〃	東北新幹線 上越新幹線	やまびこ あおば あさひ とき
昭和62年（1987）4月1日現在								
0系		JR海	H NH	16	53	220	東海道新幹線・山陽新幹線	ひかり
〃	1000	〃	N97 N98	〃	2	〃	〃	〃
〃		〃	S Sk	12	38	〃	〃	こだま
〃		JR西	NH H	16	31	〃	〃	ひかり

〃	1000	〃	N 99	〃	1	〃	〃	〃
〃		〃	S Sk	12	5	〃	〃	〃
〃		〃	R	6	21	〃	〃	こだま
100系		JR海	X	16	7	〃	〃	ひかり
200系		JR東	E	12	22	210	東北新幹線 上越新幹線	あさひ あおば
〃		〃	F	〃	29	〃	〃	やまびこ
〃		〃	G	10	7	〃	〃	とき

平成5年（1993）4月1日現在

0系		JR海	H NH N97	16	13	220	東海道新幹線 山陽新幹線	ひかり
〃		〃	Y Yk	〃	41	〃	東海道新幹線	こだま
〃		JR西	H NH	〃	21	〃	東海道新幹線 山陽新幹線	ひかり
〃		〃	Sk	12	6	〃	山陽新幹線	ウエストひかり
〃		〃	R 51	6	1	〃	〃	〃
〃		〃	R	〃	25	〃	〃	こだま
100系		JR海	X	16	7	〃	東海道新幹線 山陽新幹線	ひかり
〃		〃	G	〃	50	〃	〃	〃
〃	3000	JR西	V	〃	9	230	〃	〃
200系		JR東	E	12	5	210	上越新幹線	あさひ とき
〃		〃	F	〃	26	240	東北新幹線 上越新幹線	やまびこ あおば あさひ
〃		〃	G	8	18	210	上越新幹線 東北新幹線	あさひ とき あおば
〃		〃	H	16	6	210	東北新幹線	やまびこ
〃		〃	K	8	11	〃	〃	〃

系列	番台	所属	編成紀号	1編成の両数（両）	在籍本数（本）	最高時速（キロ）	走行路線	おもな使用列車
300系		JR海	J	16	15	270	東海道新幹線 山陽新幹線	のぞみ
〃	3000	JR西	F	〃	5	〃	〃	〃
400系		JR東	L	6	12	240	山形新幹線 東北新幹線	つばさ

平成10年（1998）4月1日現在

系列	番台	所属	編成紀号	1編成の両数（両）	在籍本数（本）	最高時速（キロ）	走行路線	おもな使用列車
0系		JR海	Yk	16	10	220	東海道新幹線	こだま
〃		JR西	NH	〃	3	〃	東海道新幹線 山陽新幹線	こだま ひかり
〃		〃	Sk	12	6	〃	山陽新幹線	ウエストひかり
〃		〃	R	6	22	〃	〃	こだま
〃		〃	〃	〃	2	〃	〃	ファミリーひかり
〃		〃	Q	4	6	〃	〃	こだま
100系		JR海	X	16	7	〃	東海道新幹線 山陽新幹線	こだま ひかり
〃		〃	G	〃	43	〃	〃	ひかり こだま
〃	3000	JR西	V	〃	9	230	〃	グランドひかり
〃		〃	G	〃	7	220	〃	ひかり
200系		JR東	F	12	15	240	東北新幹線 上越新幹線	やまびこ なすの あさひ たにがわ
〃		〃	F90〜F93	〃	4	275	上越新幹線	あさひ
〃		〃	F80	〃	1	210	長野新幹線	あさま あさひ
〃		〃	G	8	14	〃	東北新幹線 上越新幹線	たにがわ やまびこ なすの
〃		〃	H	16	6	240	東北新幹線	やまびこ なすの
〃		〃	K	10	22	〃	〃	〃
300系		JR海	J	16	60	270	東海道新幹線 山陽新幹線	のぞみ ひかり
〃	3000	JR西	F	〃	9	〃	〃	〃

400系		JR東	L	7	12	240	山形新幹線	つばさ
500系		JR西	W	16	9	300	東海道新幹線 山陽新幹線	のぞみ
E1系		JR東	M	12	6	240	東北新幹線 上越新幹線	MAXやまびこ MAXあさひ MAXなすの
E2系		〃	J	8	6	275	東北新幹線 長野新幹線	やまびこ あさま
〃		〃	N	〃	13	260	長野新幹線	あさま
E3系		〃	R	5	16	275	秋田新幹線	こまち
E4系		〃	P	8（または16）	3	240	東北新幹線	MAXやまびこ MAXなすの

平成15年（2003）4月1日現在

0系		JR西	R	6	17	220	山陽新幹線	こだま
100系		JR海	G	16	12	〃	東海道新幹線 山陽新幹線	〃
〃		JR西	〃	〃	5	〃	〃	ひかり こだま
〃		〃	P	4	6	〃	山陽新幹線	こだま
〃		〃	K	6	8	〃	〃	〃
200系		JR東	F	12	4	240	東北新幹線 上越新幹線	やまびこ なすの あさひ たにがわ
〃		〃	F80	〃	1	210	東北新幹線	やまびこ なすの
〃		〃	H	16	6	240	〃	〃
〃		〃	K	10	4	〃	東北新幹線 上越新幹線	やまびこ なすの とき たにがわ
〃		〃	リニューアルK	〃	12	〃	〃	〃
300系		JR海	J	16	61	270	東海道新幹線 山陽新幹線	ひかり こだま
〃	3000	JR西	F	〃	9	〃	〃	〃
400系		JR東	L	7	12	240	山形新幹線 東北新幹線	つばさ
500系		JR西	W	16	9	300	東海道新幹線 山陽新幹線	のぞみ

系列	番台	所属	編成記号	1編成の両数（両）	在籍本数（本）	最高時速（キロ）	走行路線	おもな使用列車
700系		JR海	C	16	48	285	東海道新幹線 山陽新幹線	のぞみ ひかり
〃	3000	JR西	B	〃	7	〃	〃	ひかり
〃	7000	〃	E	8	15	〃	山陽新幹線	ひかりレールスター
E1系		JR東	M	12	6	240	東北新幹線 上越新幹線	MAXあさひ MAXたにがわ
E2系		〃	J	10	14	275	〃	はやて やまびこ とき なすの
〃		〃	N	8	〃	260	長野新幹線	あさま
〃	1000	〃	J	10	6	275	東北新幹線 上越新幹線	はやて やまびこ とき なすの
E3系		〃	R	6	16	275	秋田新幹線 東北新幹線	こまち
〃	1000	〃	L	7	2	240	山形新幹線 東北新幹線	つばさ
E4系		〃	P	8（または16）	24	〃	東北新幹線 上越新幹線	MAXやまびこ MAXなすの MAXあさひ

平成20年（2008）4月1日現在

系列	番台	所属	編成記号	1編成の両数（両）	在籍本数（本）	最高時速（キロ）	走行路線	おもな使用列車
0系		JR西	R	6	5	220	山陽新幹線	こだま
100系		〃	K	〃	10	〃	〃	〃
〃		〃	P	4	12	〃	〃	〃
300系	3000	〃	F	16	9	270	東海道新幹線 山陽新幹線	ひかり こだま
500系		〃	W	〃	7	300	〃	のぞみ
〃	7000	〃	V	8	8	285	山陽新幹線	こだま
700系	7000	〃	E	〃	16	〃	〃	〃
〃	3000	〃	B	16	15	〃	東海道新幹線 山陽新幹線	のぞみ ひかり

N700系	3000	〃	N	〃	16	300	〃	のぞみ
300系		JR海	J	〃	52	270	〃	こだま ひかり
700系		〃	C	〃	60	285	〃	のぞみ ひかり
N700系		〃	Z	〃	17	300	〃	のぞみ
200系		JR東	K	10	11	240	東北新幹線 上越新幹線	とき やまびこ たにがわ
400系		〃	L	7	12	240	山形新幹線 東北新幹線	つばさ
E1系		〃	M	12	6	〃	上越新幹線	MAXとき MAXたにがわ
E2系		〃	N	8	14	260	長野新幹線	あさま
〃		〃	J	10	15	275	東北新幹線	はやて やまびこ
〃	1000	〃	〃	〃	19	〃	〃	はやて やまびこ なすの
E3系		〃	R	6	26	〃	秋田新幹線 東北新幹線	こまち
〃	1000	〃	L	7	3	〃	山形新幹線 東北新幹線	つばさ
E4系		〃	P	8（または16）	26	240	東北新幹線 上越新幹線	MAXやまびこ MAXたにがわ

平成26年（2014）8月1日現在

500系	7000	JR西	V	8	8	285	山陽新幹線	こだま
700系	7000	〃	E	〃	16	〃	〃	〃
〃		〃	C	16	8	〃	東海道新幹線 山陽新幹線	ひかり こだま
〃	3000	〃	B	〃	15	〃	〃	ひかり のぞみ
N700系	3000	〃	N	〃	13	300	〃	のぞみ
〃	4000	〃	F	〃	1	〃	〃	〃
〃	5000	〃	K	〃	3	〃	〃	〃
〃	7000	〃	S	8	19	〃	山陽新幹線 九州新幹線	みずほ さくら つばめ

系列	番台	所属	編成記号	1編成の両数（両）	在籍本数（本）	最高時速（キロ）	走行路線	おもな使用列車
700系		JR海	C	16	47	285	東海道新幹線　山陽新幹線	こだま　ひかり
N700系		〃	Z	〃	49	300	〃	のぞみ　ひかり
〃	1000	〃	G	〃	6	〃	〃	のぞみ
〃	2000	〃	X	〃	32	〃	〃	〃
N700系		JR九	R	8	11	〃	九州新幹線　山陽新幹線	みずほ　さくら
800系		〃	U	6	6	260	九州新幹線	つばめ　さくら
〃	1000	〃	〃	〃	2	〃	〃	〃
〃	2000	〃	〃	〃	1	〃	〃	〃
E2系		JR東	N	8	14	260	長野新幹線	あさま
〃		〃	J	10	12	275	東北新幹線　上越新幹線	とき　たにがわ
〃	1000	〃	〃	〃	25	〃	東北新幹線	やまびこ　なすの
E3系		〃	R	6	8	〃	東北新幹線	なすの　やまびこ
〃	1000	〃	L	7	3	〃	山形新幹線　東北新幹線	つばさ　なすの
〃	2000	〃	〃	〃	12	〃	〃	〃
〃		〃	R18	7	1	130	山形新幹線	とれいゆ　つばさ
E4系		〃	P	8（または16）	24	240	上越新幹線	MAXとき　MAXたにがわ
E5系		〃	U	10	28	320	東北新幹線	はやぶさ　はやて　やまびこ
E6系		〃	Z	7	23	〃	秋田新幹線　東北新幹線	こまち
E7系		〃	F	12	5	260	長野新幹線	あさま

高速試験によるスピード記録の変遷

時速（キロ）	記録した年月日	記録した車両	試験主体	記録した場所
256	昭和38（1963）年3月30日	1000形B編成	国鉄	鴨宮モデル線
286	昭和47（1972）年2月24日	951形試験電車	国鉄	開業前の姫路駅〜西明石駅間
319	昭和54（1979）年12月7日	961形試作電車	国鉄	小山総合試験線
276	平成元（1989）年9月8日	200系F編成	JR東日本	上毛高原駅〜浦佐駅間
277・2	平成2（1990）年2月10日	100系3000番台V編成	JR西日本	小郡駅〜新下関駅間
325	平成3（1991）年2月28日	300系「J0」編成	JR東海	米原駅〜京都駅間
345	平成3（1991）年9月19日	400系「S4」編成	JR東日本	上毛高原駅〜越後湯沢駅間
350・4	平成4（1992）年8月8日	500系900番台〝WIN（ウィン）350〟	JR西日本	新下関駅〜小郡駅間
425	平成5（1993）年12月21日	〝STAR（スター）21〟「S5」編成	JR東日本	燕三条駅〜新潟駅間
443	平成8（1996）年7月26日	〝300X〟955形「A0」編成	JR東海	米原駅〜京都駅間

年表 新幹線50余年

年月日	事項	出来事
昭和三十七年 1962年		
4月20日	その他	小田原市の鴨宮に「モデル線管理区」が発足した。通称、鴨宮モデル線。軌道中心間隔は4・2メートル。
―	車両	試作電車1000形が鴨宮モデル線に搬入された。5月に2両編成のA編成を、6月に4両編成のB編成を使って試運転が始まる。
昭和三十八年 1963年		
3月30日	記録	1000形B編成が時速256キロをマークした。
昭和三十九年 1964年		
2月―	車両	量産先行車、C編成が日本車輌で落成した。6両編成。のちに6両を追加して、12両編成の「N1」編成となる。
6月13日	その他	列車の愛称候補の公募が始まった。約55万8900通、780種が届く。インド、台湾、韓国からも応募。
20日	車両	1000形A編成が浜松工場に入場。A編成は救援車941形に改造される。車体色は、黄色に青色の帯。
22日	車両	1000形B編成が浜松工場に入場。B編成は922形電気検測車「T1」編成に改造され〝ドクターイエロー〟の元祖となる。車体色は黄色に青色の帯。
7月25日	その他	全線通し試運転が始まった。
8月25日	その他	軌道の整備、電気・通信などの設備が整い、初めて4時間で、試運転列車が東京駅〜新大阪駅間を走った。
10月1日	新規開業	東海道新幹線が開業。起点は東京駅、終点は新大阪駅。

	駅	途中に新横浜駅、小田原駅、静岡駅、浜松駅、豊橋駅、名古屋駅、岐阜羽島駅、米原駅、京都駅が開業した。
	その他	軌間は国際的な標準軌の1435ミリ（4フィート8インチ）を国鉄の営業線で初めて採用。明治以来それまでに敷設された国鉄線の軌間は狭軌の1067ミリ（3フィート6インチ）。
1日	列車	東京駅～新大阪駅間に、所要時間4時間の超特急「ひかり」14往復、5時間の特急「こだま」12往復、区間運転の「こだま」4往復の運転が始まった。東京駅と新大阪駅を毎時00分に超特急「ひかり」が、また毎時30分に特急「こだま」が発車する。特急「こだま」は各駅停車。超特急「ひかり」は名古屋駅と京都駅だけに停車。
1日	車両	使用車両は新幹線電車（のちに0系と呼ばれるようになる）12両編成。最高時速210キロ。1次車と2次車360両（12両編成30本）で開業の日を迎えた。編成記号は、車両メーカー別に以下のようになった。「N」日本車輛、「R」川崎車輛、「K」汽車製造、「S」近畿車輛、「H」日立製作所。後に「T」東急車輛が加わる。
昭和四十年　1965年		
10月1日	ダイヤ改正	ダイヤ規格が、いわゆる「2－2ダイヤ」になった。東京駅を、新大阪駅行き超特急「ひかり」が毎時00分のほか、7時30分・8時30分・13時30分・17時30分・18時30分にも発車するようになった。特急「こだま」は、東京駅を毎時35分のほか、新大阪駅行きが8時05分・17時05分にも発車するようになった。
11月1日	ダイヤ改正	スピードアップを実施。東京駅～新大阪駅間で超特急「ひかり」3時間10分、特急「こだま」4時間の運転となった。
1日	営業	東海道新幹線と在来線との乗継ぎ割引が始まった。在来線の特急料金、急行料金を半額に。
昭和四十一年　1966年		
10月1日	車両	開業から共通運用だった超特急「ひかり」用編成と特急「こだま」用編成を分離。2両あった1等車（後のグリーン車）を特急「こだま」用編成は1両に減らし、2等車と置き換えた。
昭和四十二年　1967年		
3月16日	その他	山陽新幹線、新大阪駅～岡山駅間の起工式が、兵庫と岡山の県境を貫く帆坂トンネル東口で行われた。

10月1日	ダイヤ改正	ダイヤ規格が、いわゆる「3－3ダイヤ」になった。7時台・8時台・18時台に限り、00分・20分・40分に新大阪駅行き超特急「ひかり」が東京駅を発車するようになった。特急「こだま」も一部の時間帯で1時間に3本の運転となった。
11月――	その他	雪害に備えて、岐阜羽島駅～米原駅間に、地上散水装置が設置された（後に設置区間は拡大される）。

昭和四十三年　1968年

10月1日	ダイヤ改正	従来の7時台・8時台・18時台のほか、〝よん・さん・とお〟ダイヤ改正で、9時台・13時台・14時台・17時台にも新大阪駅行き「ひかり」が3本、20分間隔で東京駅を発車するようになった（季節列車を含む）。特急「こだま」は、ほとんどの時間帯で1時間に3本、東京駅を発車するようになったほか、週末には多くの時間帯で、熱海駅行きが運転されるようになった。

昭和四十四年　1969年

3月――	車両	951形試験電車が落成した。主電動機の出力を営業用電車より50パーセント増強。最高時速260キロ。2両編成。
4月25日	駅	東海道新幹線の三島駅が開業した。

昭和四十五年　1970年

2月10日	その他	岡山駅～博多駅間の起工式が、倉敷市・広島市・下関市・北九州市で行われた。
25日	車両	すべての「ひかり」用電車（30本）が16両編成となった。日本万国博覧会（大阪万博）見学者の輸送に備えたもの。10次車180両の増備により、新幹線電車の総数は1000両を突破した。
5月18日	その他	全国新幹線鉄道整備法が成立。同法が目標に掲げる総延長距離は約7000キロにおよぶ。第二条で「新幹線鉄道とは、その主たる区間を時速二〇〇キロメートル以上の高速度で走行できる幹線鉄道をいう」と規定。

昭和四十六年　1971年

11月28日	その他	東北・上越新幹線の起工式が、東京都・大宮市・仙台市・盛岡市など8ヵ所で行われた。
12月――	車両	新幹線電車の編成記号を、「ひかり」用編成は「H」へ、「こだま」用編成は「S」へ変更する作業が始まった。車両メーカー別の編成記号は消える。

昭和四十七年　1972年

2月24日	記録	時速286キロのスピード記録を、951形試験電車が、開業前の姫路駅~西明石駅間でマークした。2月10日・11日・22日・23日・24日の5日間にわたって延べ25回の高速試験が行われ、その最終日の15時54分に記録。電車列車では世界最高記録となった。
3月15日	新規開業	新大阪駅~岡山駅間が開業。キャッチフレーズは「ひかりは西へ」。建設は山陽新幹線と称して進められたが、この日から東京駅~岡山駅間を新幹線と呼ぶことになった。国鉄の東海道新幹線総局も新幹線総局に改称した。
15日	駅	途中に、新神戸駅、西明石駅、姫路駅、相生駅が開業した。
15日	列車	東京駅~岡山駅間は最速列車で4時間10分。超特急「ひかり」を特急「ひかり」に改め、「ひかり」の1~4号車を自由席とした。
10月――	車両	「こだま」用編成の12両から16両への増強が始まった。翌48（1973）年までに47本が16両編成となり、編成記号は「K」に変わる。

昭和四十八年　1973年

2月21日	その他	大阪運転所（通称、鳥飼基地）を出庫した回送列車が、下り本線との分岐部分で脱線。安全への懸念が社会的に巻き起こる。
7月――	車両	961形試作電車が落成した。全国新幹線鉄道整備法の成立を受け、新たに開発すべき技術的な課題の研究に供するための車両。時速250キロ運転を目ざし、主電動機の出力を営業用電車より50パーセント増強。50ヘルツにも対応できるよう周波数変換装置を装備。定速制御装置、ボディマウント方式、耐寒耐雪対策を採用。

昭和四十九年　1974年

3月30日	その他	名古屋市南区、熱田区、中川区の住民575人が、国鉄を相手取り、新幹線の騒音と振動を抑えるよう求めて、訴訟を起こした。
9月5日	列　車	「ひかり」の一部列車で食堂車の営業が始まった。
12月11日	その他	午前中、全面的に運休して安全総点検を実施。翌50（1975）年の1月と2月にも実施。

昭和五十年　1975年

3月3日	営　業	プッシュホンで新幹線指定券の予約ができるようになった。市外局番03の地域のみ（後に全国に拡大）。
10日	新規開業	岡山駅〜博多駅間が開業。キャッチフレーズは「〝ひかりライン〟海を渡る」。この日から東京駅〜博多駅間を東海道・山陽新幹線と呼ぶことになった。
10日	駅	途中に、新倉敷駅、福山駅、三原駅、広島駅、新岩国駅、徳山駅、小郡駅、新下関駅、小倉駅が開業した。
10日	列　車	東京駅を毎時00分に発車する「ひかり」で東京駅から広島駅まで5時間8分、博多駅まで6時間56分。「ひかり」用の全編成が食堂車を連結し、営業。
5月5日	記　録	103万2000人余を運び、一日の輸送量の最高記録となる。

昭和五十一年　1976年

2月25日	その他	東京駅〜新大阪駅間の若返り工事が始まった。昭和57（1982）年1月まで年間5〜10回、延べ44回にわたり、午前中の列車を運休し線路・架線などを交換。
7月1日	列　車	「ひかり」1往復が新横浜駅と静岡駅に停車するようになった。両駅の「ひかり」停車は開業から初めて。

8月——	車両	初期の車両を取り替える作業が始まった。東海道新幹線の開業を担った1次車・2次車をはじめ、昭和44（1969）年度に製造された10次車までの約850両を、昭和59年（1984）までに、新造車両と取り替える。その取り替え期間中に必要となる予備編成用の車両ほかが、22次車として製造されることになり、その第1陣が落成した。
12月——	車両	取り替え期間中に必要となる予備編成3本——1000番台に区分した新造車両ばかりの各16両編成が出そろい、「N97」「N98」「N00」の編成記号がつけられた。雪害対策として客室窓を小さくしたほか、ビュフェが全立食方式に変わったという特徴がある。それまでのビュフェと異なり、窓辺のテーブルの前に椅子は設けられていない。

昭和五十二年　1977年

5月1日	その他	車内に広告が掲示されるようになった。10月までに全車両で実施。

昭和五十三年　1978年

6月5日	その他	東北新幹線の小山総合試験線で試運転が始まった。
10月3日	その他	整備新幹線5線——東北新幹線（盛岡市～青森市間）、北海道新幹線（青森市～札幌市間）、北陸新幹線（東京都～大阪市間）、九州新幹線（福岡市～鹿児島市間）、九州新幹線（福岡市～長崎市間）の具体的な実施計画が政府の閣僚会議で決まった。
12月15日	営業	定期券で、博多駅～小倉駅間に限り、自由席特急券を買い足せば「ひかり」「こだま」にも乗れるようになった。

昭和五十四年　1979年

10月7日	営業	開業15周年を記念して、無料招待の子供たちを乗せた臨時列車が東京駅～新大阪駅間に上り、下り各1本運転された。
7日	車両	0系食堂車の「通路と客室を仕切る壁」に窓を新しく設けた編成の第1陣が営業運転を始めた。
12月7日	記録	時速319キロのスピード記録を、961形試作電車が小山総合試験線でマークした。

昭和五十五年　1980年

3月8日	その他	上越新幹線、中山トンネルの建設現場で異常出水が発生。開業が延びる主因となる。

23日	その他	「新幹線ちびっこ一人旅」が始まった。コンパニオン6人（アルバイトの女子大生）が2名ひと組で「ひかり」に乗務し、ひとり旅の子供の世話をする。4月6日まで、東京駅～新大阪駅間、上り下り各1本の「ひかり」で実施。
9～10月	車両	東北新幹線・上越新幹線の営業用車両200系が4本つくられて、仙台と新潟の車両基地に2本ずつ搬入された。
11月——	車両	月刊『鉄道ジャーナル』1981年1月号に、国鉄車両設計事務所の谷野利夫主任技師が200系の解説記事を寄せ、その書き出し部分で、従来の新幹線電車と区別するために「東北・上越の車両を200系新幹線電車、東海道の車両を0（ゼロ）系新幹線電車と称することにしました」と紹介。
1日	車両	普通車の全座席を簡易リクライニングシートに改良した「NH17」編成が「ひかり1号」で営業運転を始めた。2列席は回転できるが、3列席は固定式の〝集団離反型〟。座席モケットの色は、柿色に黒の縦縞。昭和58（1983）年3月までに「ひかり」全編成の普通車が改装される。
昭和五十六年　1981年		
8月20日	その他	東北新幹線の大宮駅～盛岡駅間を昭和57（1982）年6月下旬に開業、また同年11月に上越新幹線の大宮駅～新潟駅間を開業すると国鉄が発表した。
9月27日	その他	フランスのTGVがパリ～リヨン間に開業。最高時速260キロ。新幹線は「スピード世界一」の座からおりる。
11月——	車両	0系2000番台が営業運転を始めた。普通車客席のシートピッチがそれまでの車両より40ミリ広げてあり、それに合わせて窓もすこし大きくなって、〝中窓車〟ともいわれた。普通車の客席は簡易リクライニングシート。2列席は回転できるが、3列席は固定式の〝集団離反型〟。
昭和五十七年　1982年		
6月23日	新規開業	東北新幹線の大宮駅～盛岡駅間が開業。
23日	駅	途中に小山駅、宇都宮駅、那須塩原駅、新白河駅、郡山駅、福島駅、白石蔵王駅、仙台駅、古川駅、一ノ関駅、北上駅が開業した。

23日	列車	大宮駅〜盛岡駅間に「やまびこ」5往復、大宮駅〜仙台駅間に「あおば」6往復が運転を始めた。「やまびこ」は宇都宮駅、郡山駅、福島駅と仙台駅から盛岡駅までの各駅に停車。「あおば」は各駅に停車。
23日	車両	12両編成の200系E編成、64本が開業までに出そろった。最高時速210キロ。
23日	列車	上野駅〜大宮駅間に「新幹線リレー号」の運転が始まった。下り9本、上り10本。
11月15日	新規開業	上越新幹線が開業。起点は大宮駅、終点は新潟駅。
15日	駅	途中に熊谷駅、高崎駅、上毛高原駅、越後湯沢駅、浦佐駅、長岡駅、燕三条駅が開業した。
15日	列車	「あさひ」11往復、「とき」10往復が運転を始めた。「あさひ」は高崎駅と長岡駅に必ず停車。上毛高原駅、越後湯沢駅、燕三条駅に停車する「あさひ」もある。「とき」は各駅に停車。上野駅を6時17分に発車する「新幹線リレー1号」で出発すると、新潟駅に8時50分に着く。
15日	車両	「あさひ」「とき」の使用車両は12両編成の200系E編成。
15日	列車	「やまびこ」「あおば」「新幹線リレー号」を大増発。上野駅を6時17分に発車する「新幹線リレー1号」で出発すると、仙台駅に8時59分、盛岡駅に10時17分に着く。
昭和五十八年　1983年		
1月27日	その他	青函トンネルの先進導坑が貫通した。
1月31日	営業	新幹線の定期券「FREX」が新発売された。東海道・山陽新幹線に75区間、東北新幹線に23区間、上越新幹線に16区間設定。
昭和五十九年　1984年		
3月17日	列車	東京駅〜広島駅間「ひかり」1往復の食堂車がビーフステーキ専門となった。

4月11日	車両	東京駅〜新大阪駅間の「こだま」の一部が12両編成に縮まった。16両編成の「K」編成を12両編成に組み替える工事が始まった。12両となった「こだま」用編成の編成記号は「Sk」または「S」。
昭和六十年　１９８５年		
3月14日	新規開業	東北新幹線の上野駅〜大宮駅間が開業。
14日	列車	大宮駅を始発・終点としていた「やまびこ」「あおば」「あさひ」「とき」のすべてが上野駅を始発・終点に変更するとともに増発。
14日	列車	「やまびこ」は国内最速の時速２４０キロ運転を開始。速達「やまびこ」（6往復）で上野駅〜盛岡駅間は2時間45分。上野駅〜仙台駅間は1時間53分。
14日	車両	時速２４０キロ運転を行う２００系は、ＡＴＣ車上装置の改造、パンタグラフ数の半減などを実施。編成記号を「Ｅ」から「Ｆ」へ変更。昭和59（１９８４）年から翌60（１９８５）年初めにかけてＦ編成16本を新造。また既存のＥ編成10本をＦ編成へ改造した。
14日	駅	水沢江刺駅、新花巻駅が開業した。
14日	車両	東海道・山陽新幹線の「こだま」の大半が12両編成のSk編成・Ｓ編成で運転されるようになった。
27日	車両	１００系先行試作車「Ｘ０」編成が東京駅〜三島駅間で公式試運転を行った。
6月24日	車両	6両編成の０系「Ｒ０」編成が博多駅〜小倉駅間で営業運転を始めた。
10月1日	車両	１００系「Ｘ０」編成が東京駅〜博多駅間の「ひかり」１往復で営業運転を始めた。二階建て食堂車も開店。
昭和六十一年　１９８６年		
3月――	車両	０系最後の新造車（38次車）が搬入された。０系の製造総両数は３２１６両に達した。

4月1日	営業	新幹線の通学定期券「FREXパル」が新発売された。
6月13日	車両	100系の量産車が4本つくられ「こだま」で営業運転を始めた。編成記号は「G」。12両編成で、二階建て車両は連結していない。
11月1日	ダイヤ改正	国鉄最後のダイヤ改正が実施され、東海道・山陽新幹線の最高時速が210キロから220キロに上がった。最速「ひかり」で東京駅〜新大阪駅間は3時間を切って2時間56分に、新大阪駅〜博多駅間も3時間を切って2時間59分に、東京駅〜博多駅間が6時間を切って5時間57分になった。
1日	車両	100系G編成（G1〜G4）が二階建て車両を組みこんだ16両編成となり、編成記号を「X」（X2〜X5）に改め、「ひかり」で運転を始めた。「X0」編成が「X1」編成となった。
昭和六十二年 1987年		
3月——	車両	100系タイプの200系先頭車（2000番台）が4両お目見え。「とき」用E編成を12両から10両へ縮めてG編成とすることによって余剰となる中間車を2000番台ではさみ、「F52」「F58」編成とした。100系タイプの先頭車は翌63（1988）年3月にも2両加わる。こちらは中間車の改造車で、200番台。
4月1日	その他	公共企業体日本国有鉄道（国鉄）が分割民営化され、JRグループが発足した。JR東海が東海道新幹線（東京駅〜新大阪駅間）、JR西日本が山陽新幹線（新大阪駅〜博多駅間）、JR東日本が東北新幹線と上越新幹線のそれぞれ運行を継承。
1日	その他	特殊法人新幹線鉄道保有機構が発足した。
18日	車両	200系E編成の一部を12両から10両編成に縮めて「とき」で運用開始。編成記号は「G」に変更。最高時速210キロ。
6月17日	その他	JR東海の〝シンデレラエクスプレス〟キャンペーンが始まった。
8月2日 3日	その他	長岡花火大会に合わせて、下り「あさひ」1本を、長岡駅の手前で臨時停車させて、約10分間、乗客に花火見物を楽しんでもらうサービスを実施。昭和63年（1988）と平成元年（1989）にも実施されたが、ビルがたちならんで見通しがきかなくなったことから終了。

10月16日	車両	JR東海「こだま」の一部、9・10号車が通路をはさんで右も左も2列の〝2&2〟にリニューアルされて営業運転を始めた。
12月10日	車両	JR西日本、0系「R51」編成が、暫定的に山陽新幹線の「ひかり」で営業運転を始めた。6両編成。0系「R51」~「R54」編成は、翌63(1988)年3月ダイヤ改正で運転開始となる〝ウエストひかり〟用。

昭和六十三年 1988年

3月13日	車両	JR東海の100系G編成が営業運転を始めた。食堂車に替わり、8号車の階下はテイクアウト方式の〝カフェテリア〟、階上はグリーン席。この車両は100ダッシュ系とも呼ばれる。
13日	営業	東京駅~新大阪駅間で、0系「ひかり」1往復の食堂車が握り寿司専門となった。
13日	列車	JR西日本の〝ウエストひかり〟が運転を始めた。新大阪駅~博多駅間に4往復。車両は6両編成でオール〝2&2〟の0系。
13日	車両	0系「R51」~「R54」編成が、車体側面の窓下に、ブルーの細いラインを引いて〝ウエストひかり〟で活躍を始めた。喫茶店ふうのビュフェ営業開始。
13日	駅	東海道新幹線に新富士駅、掛川駅、三河安城駅が、山陽新幹線に新尾道駅、東広島駅が開業した。
13日	列車	上野駅~盛岡駅間に運転の「やまびこ」2往復が、仙台駅のみ停車の〝スーパーやまびこ〟になった。
13日	列車	上越新幹線の「あさひ」5往復が最高時速240キロ運転を始めた。途中の停車駅は、特急「かがやき」に接続する長岡駅のみ。
13日	車両	「とき」用の200系G編成が10両から8両に縮まった。
4月1日	営業 車両	新大阪駅~博多駅間の「ひかり」2往復の7号車が〝ビデオカー〟になった。使用車両はJR西日本、12両編成の0系「Sk17」編成と「Sk19」編成。この編成は8月1日、増発される〝ウエストひかり〟にコンバートされる。

平成元年　1989年			
3月11日	車両	JR西日本の100系3000番台V編成〝グランドひかり〟が東京駅〜博多駅間にデビュー。二階建て車両を4両連結。8号車は二階建て食堂車で、椅子の色はえんじ系、金色縁どり。山陽新幹線で最高時速230キロ。この車両は100N系とも呼ばれる。
4月29日	車両	JR東海の「こだま」用0系の一部が、16両編成になった。編成記号は「Yk」または「Y」。翌2（1990）年3月ダイヤ改正までにすべての編成が16両化され、JR東海からSk編成・S編成は消える。Yk編成・Y編成は全部で41本となる。
9月8日	記録	JR東日本の200系F編成が、高速試験で時速276キロをマークした。
平成二年　1990年			
2月10日	記録	JR西日本の100系3000番台V編成が、高速試験で時速277・2キロをマークした。
3月8日	車両	JR東海の300系先行試作車が落成した。編成記号は「J0」。1編成の重量は100ダッシュ系の75％に軽量化されている。営業運転開始のとき、「J1」編成となる。
10日	列車	「ひかり」15本が、東京駅〜新大阪駅間で所要時間を4分短縮して2時間52分となった。
10日	列車	上越新幹線「あさひ1号」「あさひ3号」が、大清水（だいしみず）トンネルの下り勾配区間で、時速275キロ運転を始めた。国内最速列車となる。使用車両は12両編成の200系F編成90番台4本。
—	車両	東海道新幹線のき電方式をAT方式からBT方式へ改良する工事が進展したのにともない、100系V編成のパンタグラフが、半減された。
4月1日	新規開業	JR西日本の博多南線、博多駅〜博多南駅間が開業して、6両編成の0系R編成による営業運転が始まった。制度上は在来線の扱い。全列車が特急ながら愛称はない。山陽新幹線との乗継ぎ割引もない。
	車両	

6月23日	車両	200系F編成に二階建て車両1両を新しく組みこんだ13両編成の200系が東北新幹線で営業運転を始めた。編成記号は「H」。二階建て車両は、階下にグリーン個室と普通セミコンパートメント、階上にグリーン開放席。
9月1日	その他	JR東海が高性能地震検知システム「ユレダス」の運用を東海道新幹線の静岡駅～豊橋駅間で始めた。
10月——	車両	400系の先行試作車が落成した。編成記号は「S4」。6両編成。山形新幹線の開業後、量産車に準じた設備へ改造のうえ「L1」編成となる。
12月20日	新規開業	上越線の越後湯沢駅～ガーラ湯沢駅間が開業。上越新幹線の列車による直通運転が始まった。
平成三年　1991年		
2月28日	記録	時速325キロのスピード記録を300系「J0」編成が、高速試験でマークした。
3月3日	その他	東海道新幹線のき電方式をBT方式からAT方式へ改良する工事が完了した。着手は昭和59（1984）年7月。なお、線路に電気設備を設けることが「電化」であり、その設備を用いて電気を車両に送ることを「き電」と呼ぶ。東海道新幹線以外の新幹線は、初めからATき電方式となっている。ATき電方式は、BTき電方式と異なり、パンタグラフの数を少なくしたり、パンタグラフとパンタグラフを高圧ケーブルで接続したりすることも可能。
16日	その他	200系H編成が16両編成となり、二階建て車両を2両に増やした。新しい二階建て車両の階下は〝カフェテリア〟。
10日	駅	くりこま高原駅が開業した。
10日	列車 車両	JR西日本が新大阪駅～広島駅間に、6両編成の0系R編成による〝シャトルひかり〟3往復を新設。
4月——	車両	東海道新幹線のき電方式がAT方式へ改良されたのにともない、100系G編成のパンタグラフを、1編成あたり6個から3個へ減らす工事が始まった。
6月20日	新規開業	東北新幹線の東京駅～上野駅間が開業。

20日	列車	途中、仙台駅だけ停車の「やまびこ」（2往復 いずれも200系H編成で運転）で東京駅〜盛岡駅間は2時間36分、東京駅〜仙台駅間、下り1時間44分、上り1時間46分となった。途中、長岡駅だけ停車の「あさひ」（2往復）で上野駅〜新潟駅間は1時間43分となった。
20日	営業	「やまびこ」のグリーン車に、接客係の女性客室乗務員〝ソワニエ〟が登場。
9月19日	記録	時速345キロのスピード記録を400系の量産先行車「S4」編成が高速試験でマークした。
10月1日	その他	JR東海、JR西日本、JR東日本が、総額9兆1767億円で、新幹線の地上施設を特殊法人新幹線鉄道保有機構から買い取った。

平成四年　1992年

3月13日	その他	秋田新幹線の起工式が秋田駅で行われた。
14日	列車	「のぞみ」の運転が始まった。東京駅〜新大阪駅間に2往復。所要時間は2時間30分。最高時速270キロ。全車指定制。朝の下り1本は新横浜駅だけに停車して名古屋駅、京都駅は通過。
14日	車両	JR東海の300系J編成が「のぞみ」2往復と「ひかり」1往復で営業運転を始めた。
14日	列車	JR西日本、〝シャトルひかり〟の運転区間が新大阪駅〜博多駅間に広がった。新大阪駅始発広島駅行き〝ウィークエンドひかり〟2本の運転が始まった。
4月2日	車両	JR東日本の高速試験車〝STAR21〟が報道陣に公開された。
30日	車両	JR西日本の高速試験車〝WIN（ウィン）350〟が落成した。500系900番台「W0」編成を名のる。
7月1日	新規開業	山形新幹線が開業。
	駅	起点は福島駅、終点は山形駅。途中に米沢駅、高畠駅、赤湯駅、かみのやま温泉駅が開業した。

1日	列車	東京駅、上野駅～山形駅間に「つばさ」運転開始。東京駅～山形駅間は最速「つばさ」で2時間27分。
1日	車両	「つばさ」の使用車両は、量産された6両編成の400系L編成。グリーン車の座席配列は〝2&1〟。東京駅～福島駅間は「やまびこ」と併結（1往復を除く）。「つばさ」と併結する「やまびこ」用の200系は、E編成を組み換えた8両編成で、編成記号は「K」。
8月8日	記録	時速350・4キロのスピード記録を、JR西日本の高速試験車、500系900番台〝WIN350〟が高速試験でマークした。
11月――	車両	パンタグラフに、騒音の発生を抑えるためのカバーを取り付ける工事が、JR東海の0系Yk編成・Y編成で始まった。
平成五年	**1993年**	
3月18日	列車	「のぞみ」が東京駅～博多駅間で1時間ごとの運転となった。同駅間の所要時間は5時間4分。最高時速270キロ。
18日	列車	JR西日本が300系3000番台F編成を5本新造。「のぞみ」で運用を始めた。
9月――	車両	200系E編成をF編成に改造する工事が終わった。これでE編成は消滅した。
12月――	車両	JR西日本で、0系NH編成・H編成・R編成のパンタグラフにカバーの取り付けが始まった。
21日	記録	時速425キロのスピード記録をJR東日本の高速試験車〝STAR（スター）21〟が高速試験でマークした。
平成六年	**1994年**	
7月15日	車両	E1系が東北新幹線・上越新幹線にデビュー。オール二階建てで、愛称〝Max（マックス）〟。最高時速240キロ。12両編成。女性専用のトイレ・洗面所を設置。出入り台の随所にステンレス製、縦長、姿見の鏡を設置。1号車～4号車の階上は、座席配列が新幹線で初の〝3&3〟。〝Max〟は〝Multi Amenity eXpress〟の略。
平成七年	**1995年**	

1月17日	その他	阪神淡路大震災で東海道新幹線・山陽新幹線の京都駅〜岡山駅間が不通になった。
3月――	車両	E3系の量産先行車が落成した。編成記号は「S8」。5両編成。秋田新幹線開業前に「R1」編成となる。
4月8日	その他	山陽新幹線が全線で運転を再開した。最終的な復旧区間は新大阪駅〜姫路駅間。
5月――	車両	E2系の量産先行車が落成した。編成記号は「S7」。8両編成。量産車の営業運転開始後に改造されて「J1」編成となる。窓下の帯の色はレッド。8号車に分割併合装置を装備している。
2日	その他	山陽新幹線が所定ダイヤに戻った。「のぞみ」も時速270キロ運転を再開。
10日	車両	JR東海の「ひかり」用0系NH編成がこの日限りで引退した。
6月6日	車両	北陸新幹線（開業にあたって長野行新幹線と命名）用のE2系量産先行車が落成した。編成記号は「S6」。8両編成。長野行新幹線開業前に「N1」編成となる。
7日	車両	E2系「S7」編成とE3系「S8」編成の併結試運転が東北新幹線で始まった。北陸新幹線用のE2系と区別するために、東北新幹線用のE2系はE2ダッシュ系とも呼ばれる。この時点でE2ダッシュ系とE2系の車体色は同じ。
7月21日	列車	0系〝ファミリーひかり〟がお目見え。1両の半分をカーペット敷きに改造し、そこにアニメビデオ、絵本、すべり台、クッションプールなどを備えた〝こどもサロン〟の車両を連結。8月31日まで、新大阪駅〜博多駅間に毎日1往復運転。
12月1日	列車	「なすの」「Maxなすの」の運転が始まった。
	車両	東京駅〜那須塩原駅間に14往復、那須塩原駅から上野駅まで上り2本。各駅に停車。使用車両は200系のG編成・F編成・H編成、およびE1系。
1日	列車	「つばさ」が指定席普通車を1両増結して7両編成になった。

27日	その他	三島駅で「こだま」に駆けこみ、手をドアにはさまれた高校生男子が、ホーム端まで引きずられて死亡した。新幹線50年で唯一の乗客死亡事故。
平成八年	**１９９６年**	
1月――	車　両	ＪＲ西日本の５００系量産先行車が落成。編成記号は「Ｗ１」。アクティブサスペンションを編成両端の車両に、セミアクティブサスペンションをパンタグラフ付きの車両２両とグリーン車３両に、また、すべての車両間にヨーダンパを装備。
3月16日	その他	ＪＲ東海が「こだま&ワイドビューきっぷ」の発売を始めた。学生に限り、４月14日までの連続する２日間、東京駅～新大阪駅間の「こだま」自由席、およびＪＲ東海内で特急の自由席に乗り降り自由。１万５０００円。
21日	列　車	臨時列車増発で「のぞみ」の続行運転が始まった。東京駅８時56分発博多駅行き７号に続いて９時00分発新大阪駅行き臨時３１３号を、また18時56分発博多駅行き27号に続いて19時00分発新大阪駅行き臨時３０５号を増発。
30日	列　車	田沢湖線と奥羽本線の改軌工事にともなって特急「たざわ」が前日限りで廃止されたのにともない、特急「秋田リレー」の運転が始まった。北上線経由で北上駅～秋田駅間に下り10本、上り11本。
7月4日	列　車	臨時列車増発で「のぞみ」の続行運転が広がった。東京駅９時00分発、19時00分発のほか、10時00分発と18時00分発の新大阪駅行きを増発。
26日	記　録	時速４４３・０キロのスピード記録をＪＲ東海の高速試験車〝３００Ｘ〟が高速試験でマークし、国内における鉄道のスピード最高記録を樹立した（リニアモーターカーを除く）。
10月1日	車　両	ＪＲ東海１００系Ｇ編成のＪＲ西日本への譲渡が始まった。「Ｇ２」編成を皮切りに、７本が移籍する。
平成九年	**１９９７年**	
1月――	車　両	２００系Ｋ編成の８両から10両への編成増強が始まった。Ｆ編成の一部から２両をＫ編成へ移す。

３月21日	車両	ＪＲ東海とＪＲ西日本が、東海道新幹線・山陽新幹線の全車両を対象に、扉を閉める力を弱める工事を新年度から２年間かけて実施すると発表。
22日	新規開業	秋田新幹線が開業。
	駅	起点は盛岡駅、終点は秋田駅。途中に雫石駅、田沢湖駅、角館駅、大曲駅が開業した。
22日	列車 車両	「こまち」の運転が始まった。使用車両は５両編成のＥ３系Ｒ編成。東京駅～秋田駅間に13往復。仙台駅～秋田駅間にＥ３系の単独運転で１往復。「こまち」１～６号の３往復は東京駅～盛岡駅間で、８両編成のＥ２系Ｊ編成による「やまびこ」１～６号の３往復と併結。東京駅～秋田駅間は最速「こまち」で３時間49分。そのほかの「こまち」は、10両編成の２００系Ｋ編成「やまびこ」とおもに東京駅～盛岡駅間で併結。３往復が東京駅～仙台駅間で併結。
22日	車両	８両編成のＥ２系Ｊ編成が東北新幹線で営業運転を始めた。最高時速２７５キロ。「やまびこ」３往復、「なすの」１往復で運用。
22日	その他	北越急行ほくほく線が開業。越後湯沢駅で「あさひ」「Ｍａｘあさひ」と接続する特急「はくたか」運転開始。
22日	車両 列車	ＪＲ西日本の５００系が「のぞみ」で営業運転を始めた。最高時速は国内最速の３００キロ。新幹線50年で初の時速３００キロ営業運転始まる。新大阪駅～博多駅間に１往復。同区間を２時間17分で結ぶ。
22日	車両	４両編成の０系「Ｒ51」編成が登場（後に「Ｒ52」「Ｒ53」が加わる）。博多駅～小倉駅間の「こだま」で営業運転を始めた。
６月５日	その他	新幹線では初の自動改札機が静岡駅で使用開始となった。
９月30日	列車	この日限りで「あおば」「Ｍａｘあおば」「とき」「Ｍａｘとき」の愛称が消えた。
10月１日	新規開業	長野行新幹線が開業。
	駅	起点は高崎駅、終点は長野駅。途中に安中榛名駅、軽井沢駅、佐久平駅、上田駅が開業した。「たった79分で人生は変わる　東京は長野だ」と呼びかけるポスターが長野駅などに掲出された。

1日	列車 車両	「あさま」の運転が始まった。E2系N編成とE2系J編成を使用し、最高時速は長野新幹線で260キロ、上越新幹線で240キロ。東京駅〜長野駅間は最速「あさま」で79分。
1日	その他	上越新幹線下り線から長野行き新幹線下り線への分岐部（高崎駅より約3・3キロ）には、下り「あさま」が時速160キロで通過できる、日本初の高速分岐器が設置されている。建設費節減のために、日本鉄道建設公団、鉄道技術総合研究所、JR東日本が共同で開発した38番高速分岐器。分岐後38メートル先で上越新幹線と1メートル離れることから「38番分岐器」と称する。長野行き新幹線の上り線は、上越新幹線の上下線を乗り越えた後、上越新幹線と並行して高崎駅へ至る。
1日	列車 車両	「Maxたにがわ」の運転が始まった。使用車両はE1系。東京駅〜越後湯沢駅間に5往復、高崎駅〜東京駅間に上り1本。
1日	列車 車両	「たにがわ」の運転が始まった。使用車両は200系。東京駅〜越後湯沢駅間に10往復、東京駅〜高崎駅間に4往復の運転。
1日	列車	東京駅〜新潟駅間の列車は「あさひ」「Maxあさひ」の愛称で統一。
2日	列車	臨時列車増発で「のぞみ」の続行運転が広がった。東京駅、9時00分、10時00分、18時00分、19時00分発のほか、8時00発の新大阪駅行きを増発。
10月——	車両	700系の量産先行試作車、JR東海の9000番台「C0」編成が試運転を始めた。セミアクティブサスペンションを編成両端の車両、およびグリーン車、パンタグラフ付きの車両に装備。〝ワイングラス形〟のパンタグラフカバーを5号車と12号車に装備。700系量産車の営業運転開始後「C1」編成となる。700系はJR東海とJR西日本が共同で開発。
11月29日	列車	東京駅〜博多駅間でも500系「のぞみ」が3往復、運転を始めた。同区間は最速列車で4時間49分となった。
29日	列車	東京駅を6時00分に発車する「のぞみ」が名古屋駅と京都駅にも停車するようになった。東京駅から新大阪駅までの所要時間はそれまでと変わらず2時間30分。500系で運転。

29日	列車	「のぞみ」の続行運転が広がった。東京駅を7時台～18時台の毎時56分、または52分に博多駅行きが発車。8時台～19時台（13時台を除く）の毎時00分に新大阪駅行きが発車するようになった（11時台、12時台、14時台、15時台、16時台以外は定期列車）。
29日	車両	JR西日本、4両編成の0系Q編成が6本登場。山陽新幹線の博多駅～広島駅間の「こだま」と博多南線で営業運転を始めた。「R51」～「R53」編成は「Q1」～「Q3」編成に編成記号を変えた。
12月4日	駅	京都駅の新幹線上りホーム、屋根上に太陽光発電システム（長さ112メートル、幅3.6メートル、2列）が設置され、地球温暖化防止京都会議（12月1日～同10日）に合わせて稼働を始めた。
6日	駅	ガーラ湯沢駅に温泉がオープンした。ガラス張りの温泉プールや水着で入れるジャグジーバスも備えた豪華版。
20日	車両	E4系が「Maxやまびこ」「Maxなすの」でデビュー。8両編成、または2本併結の16両編成で運転。16両編成の定員は1634名。編成記号は「P」。最高時速240キロ。編成両端の車両に分割併合装置を装備。

平成十年 1998年

1月4日	記録	E4系「Maxやまびこ48号」に宇都宮駅～大宮駅間で約2800人が乗車。乗車率171パーセントで史上最高を記録した。
―	車両	200系「F17」編成を長野行新幹線用に改造した200系「F80」編成が登場した。12両編成。長野行新幹線での最高時速は210キロ。長野オリンピックの期間中、臨時「あさま」2～3往復に使用。
4月4日	その他	山陽新幹線の新関門トンネル内で、天井のコンクリート片がはげ、海水がもれて停電。上り「ひかり」「こだま」各1本が、2時間半にわたって同トンネル内で立ち往生した。
4月29日	列車	臨時列車増発で「のぞみ」の続行運転が広がった。東京駅6時56分発博多駅行きに続いて、7時00発の新大阪駅行き臨時「のぞみ」を増発。

6月1日	その他	長野行新幹線が長野新幹線と呼称変更された。
9月2日	車両	500系が「ブルネル賞奨励賞」に選ばれた。
10月2日	車両	JR西日本、16両編成の「ひかり」用0系NH編成が、この日限りで定期運用から退いた。
26日	車両	「こまち」用E3系の5両から6両への編成増強が始まる。12月8日までに完了。
11月──	車両	初代フリーゲージトレインが落成した。3両編成。全長は、先頭車両が23075ミリ、中間車が20500ミリ。車体幅2945ミリ。車体高さ3650ミリ。技術開発は、日本鉄道建設公団が国土交通省より全額補助を受けて主体となり、鉄道総合技術研究所が行う。新下関駅の横に基地を設け、軌間変換装置もここに設置。
12月──	車両	300系のパンタグラフおよび同カバーの改造が始まった。下枠交差形から700系と同様のシングルアーム式パンタグラフとなり、カバーも小さくなる。
8日	車両	E2系N編成が「あさひ」2往復でも運用されるようになった。最高時速は240キロ。

平成十一年　1999年

2月26日	その他	阪神淡路大震災を機に、JR西日本とJR東海が共同で建設を進めていた第二総合指令所が竣工した。
3月13日	車両	JR東海の700系量産車C編成4本（C2〜C5）が「のぞみ」でデビュー。東京駅〜博多駅間に3往復。最高時速は東海道新幹線で270キロ、山陽新幹線で285キロ。
13日	駅	山陽新幹線の厚狭駅が開業した。
29日	車両	リニューアル改造された200系の第1編成が営業運転を始めた。10両編成のK編成。10年程度の延命工事が施され た。車体色も一新。

4月27日	車両	増備されたＥ４系が、改造されていない従来の２００系Ｋ編成の一部に替わって営業運転を始めた。これにより、４００系「つばさ」とＥ４系「Ｍａｘやまびこ」の併結運転が見られるようになった。４００系&Ｅ４系の「なすの」も運転開始。
7月1日	車両 列車	７００系による「のぞみ」が2往復増えて5往復となった。
9月18日	車両	ＪＲ東海の０系が、この日限りで東海道新幹線から退いた。ラストランは「Yk29」編成による東京駅始発名古屋駅行き「こだま４７３号」。
18日	車両	山形新幹線の延伸に備えて、7両編成のＥ３系１０００番台2本が新造され、試運転を始めた。編成記号は「Ｌ51」「Ｌ52」。
10月1日	車両	ＪＲ東海の１００系Ｘ編成が、この日限りで定期運用から退いた。
2日	車両 列車	３００系が「のぞみ」から退き、定期「のぞみ」はすべて７００系または５００系で運転されるようになった。
12月4日	新規開業	山形新幹線が山形駅から新庄駅まで延びた。
	駅 列車	途中に天童駅、さくらんぼ東根駅、村山駅、大石田駅が開業した。山形駅～羽前千歳駅間は左沢線や仙山線直通の列車が走る１０６７ミリ軌間の狭軌と「つばさ」が走る１４３５ミリ軌間の標準軌が並行する単線並列式。芦沢駅～舟形駅間は標準軌の複線。ほかは標準軌の単線。東京駅～新庄駅間は最速「つばさ」で3時間5分。
4日	車両	「こまち」と併結運転する「やまびこ」２００系Ｋ編成（4往復）が、Ｅ２系Ｊ編成に置き換えられた。これでＥ３系&２００系の運転はなくなった。
4日	車両 列車	Ｅ１系が「Ｍａｘあさひ」「Ｍａｘたにがわ」だけに運用されるようになり、東北新幹線（大宮駅以北）では見られなくなった。

4日	車両	E2系J編成が「あさひ」でも運用されるようになった。
平成十二年　2000年		
3月10日	営業列車	東京駅～博多駅間"グランドひかり"4往復で営業を続けていた食堂車が、この日限りで閉店した。これで営業する食堂車は新幹線からなくなった。
11日	列車車両	"ひかりレールスター"の運転が始まった。新大阪駅～博多駅間に14往復、新造の700系7000番台E編成を使用。8両編成で、8号車に四人用個室を四室設置。グリーン車はない。4号車は"サイレンス・カー"で、緊急時を除いて車内放送はいらない。チケットホルダーを使って車内改札。車内販売員も声を出さない。
4月22日	車両列車	JR西日本に新たに6両編成の0系R編成が登場。山陽新幹線の「こだま」で営業運転を始めた。それまでの"ウエストひかり"用の0系Sk編成（12両編成）を改造した編成で、平成14（2002）年2月までに全部で8本登場し（「R61」～「R68」）、"ウエストこだまWR編成"とも呼ばれる。
8月1日	列車	越後湯沢駅～ガーラ湯沢駅間で夏の特別運転が始まった。日本製SF映画とタイアップ。20日までの毎日、東京駅始発「Maxたにがわ」1本、「たにがわ」1本、東京駅行き「たにがわ」3本を運転。
10月――	車両	最後まで残っていたJR東海、100系X編成4本の廃車が始まった。これで100系X編成は消滅する。
4日	車両列車	4両編成の100系P編成が山陽新幹線の「こだま」で営業運転を始めた。最高時速220キロ。
平成十三年　2001年		
1月――	車両	E2系1000番台の量産先行車、「J51」編成が落成した。8両編成（後に10両編成となる）。8号車のほか1号車にも分割併合装置を装備。帯の色はレッド。パンタグラフはシングルアーム式で、カバーはない。普通車の窓がワイドになった。長野新幹線を走行するための機能は備えていない。

5月7日	車両 列車	E4系が上越新幹線でも運転されるようになった。E1系や200系に替わり、上り「Maxたにがわ」1本、「Maxあさひ」1往復で運用開始。
7月22日	車両 列車	E4系「P51」「P52」編成が、軽井沢駅始発の上り臨時「Maxあさま」で運転を始めた。9月までの日曜を中心に運転。平成14年（2002）と平成15年（2013）の夏にも運転。
9月1日	車両	JR西日本、4両編成の0系Q編成が消えた。6本あった0系Q編成のうち5本は平成12年（2000）秋から翌13年（2001）春にかけて廃車され、残っていた1本も廃車された。
―	車両	JR東海、923系〝ドクターイエロー〟「T4」編成の本格的な運用が始まった。車両の開発は平成8（2006）年に始まり、同12（2000）年10月に落成、約1年間にわたって走行試験が行われた。
10月1日	列車	東京駅を「のぞみ」が1時間に3本発車するようになった（臨時列車を含み、6時台、14時台、15時台、20時台、21時台を除く）。そのうち00分発と20分発が新大阪駅行き。53分発が博多駅行き（19時53分発は広島駅行き）。00分発は新横浜駅を通過し、新大阪駅まで2時間30分。20分発と53分発は新横浜駅に停車し、新大阪駅まで2時間33分。
1日	車両	JR西日本の700系3000番台B編成が「ひかり」で営業運転を始めた。
―	車両	JR東日本の新しい電気軌道総合検測車〝East i（イースト・アイ）〟が落成した。「i」はInspection（検査）、Intelligence（知性）、Integrate（統合）の頭文字をとって命名。E3系をベースにした車両で、新幹線を最高時速275キロ、ミニ新幹線を130キロで走行しながら検査・測定を行う。
11月20日	車両	E2系「J51」編成が営業運転を始めた。
平成十四年　2002年		
2月4日	車両	JR西日本に6両編成の100系が登場。「こだま」で営業運転を始めた。100系V編成と100系G編成を改造した編成で、翌15（2003）年1月までに全部で8本登場。編成記号は「K」。

4月25日	駅	米原駅～京都駅間に地元からの請願を受けて新駅を設置することになり、JR東海社長、滋賀県知事、栗東市長が基本協定書に署名した。
5月―	車両	JR西日本の0系と100系の車体色をニューカラーへ変更する塗り替えが始まった。ニューカラーの0系と100系は客席もリニューアル。
6月11日	列車	「2002FIFAワールドカップ」観戦客のために、掛川駅から臨時最終列車を運転。列車名「特別1号」（掛川駅23時50分発、浜松駅0時03分発、名古屋駅0時44分着）。「特別2号」（掛川駅23時30分発、熱海駅0時06分着、東京駅0時49分着）。「特別4号」掛川駅23時45分発、熱海駅0時21分着、東京駅1時04分着）。
12日	列車	「2002FIFAワールドカップ」観戦客のために、掛川駅から臨時夜行列車を運転。「特別3号」（掛川駅0時31分発、浜松駅0時44分発、名古屋駅1時25分着）。「特別6号」～「特別12号」（掛川駅0時01分、0時15分、0時30分、0時41分発、熱海駅0時37分、0時51分、1時06分、1時17分着、東京駅1時20分、1時34分、1時49分、2時00分着）。
16日	列車	「2002FIFAワールドカップ」観戦客のために、新潟駅から東京駅まで臨時夜行列車を運転。0時00分発から1時40分発まで10分間隔で「あさひ」または「Maxあさひ」を11本運転。途中の停車駅は長岡駅、越後湯沢駅、大宮駅、上野駅。最終「あさひ124号」の東京駅着は4時38分。
7月4日	駅	上野駅でステンドグラス移設を祝うセレモニーが開かれた。昭和60年（1985）に東北新幹線の上野駅までの延伸を祝って新幹線コンコースに設置された巨大なステンドグラス、平山郁夫画伯作「昭和六十年春ふるさと 日本の華」が中央改札口前に移設された。
―	車両	E2系1000番台の量産車、「J52」編成が落成した。10両編成で、10号車だけに分割併合装置を装備。帯の色はピンク。りんごをモチーフとしたシンボルマークを1号車と9号車の側面に掲出。パンタグラフはシングルアーム式。編成両端の車両とグリーン車にフルアクティブ動揺防止制御装置を、そのほかの車両にセミアクティブ動揺防止制御装置を装備。すべての車体間にダンパを装備。フルアクティブ動揺防止制御装置は、左右方向の振動をセンサーが検知した際、空気シリンダーでそれを抑制する装置。またセミアクティブ動揺防止制御装置は、車体と台車間に装備したダンパの減衰力を変化させることで左右方向の振動を抑制する装置。グリーン車に温水洗浄式暖房便座を設置。

9月—	車両	E2系0番台J編成14本とE2系1000番台J編成量産先行車「J51編成」の車体外観を、E2系1000番台J編成量産車にそろえる工事が始まった。新造車両を組みこんで10両編成に増強。帯の色をピンクに変更。りんごをモチーフとしたシンボルマークに変更。
10月—	車両	8両編成のE2系「J1」編成（元「S7」編成）を、編成記号を「N21」に変更し、「あさま」用とする。
11月23日	車両	JR西日本、100系V編成〝グランドひかり〟のさよなら運転が新大阪駅～博多駅間で行われた。ラストランは、新大阪駅～博多駅間1往復の「ひかり」。食堂車もリバイバル営業。
12月1日	新規開業	東北新幹線が盛岡駅から八戸駅まで延びた。
1日	駅 その他	途中にいわて沼宮内駅、二戸駅が開業した。デジタル方式による新しいATCシステム（DS-ATC）が導入された。
1日	列車	「はやて」が運転を始めた。東京駅～八戸駅間に15往復、仙台駅～八戸駅間に1往復。全車指定席。宇都宮駅～盛岡駅間の最高時速は275キロ。盛岡駅～八戸駅間は最高時速260キロ。東京駅～八戸駅間は最速列車で2時間56分。
1日	その他	いわて沼宮内駅～二戸駅間につくられた岩手一戸トンネル（25808メートル）は、陸上のトンネルとしては世界一の長さを誇る。沼宮内駅～八戸駅間にスーパーロングレールを敷設。長さは60・4キロ。
1日	列車	上越新幹線に「とき」復活。「あさひ」「Maxあさひ」の愛称をやめ、東京駅～新潟駅間の列車名を「とき」「Maxとき」に変更。
1日	車両	10両編成のE2系J編成は「はやて」「やまびこ」「なすの」のほか「とき」「たにがわ」でも運用。E2系J編成の「あさま」運用はなくなった。
1日	車両	E2系N編成の「あさひ」運用はなくなり、E2系N編成は「あさま」専用となった。「あさま」は8両編成のE2系N編成だけで運転されるようになった。

平成十五年　2003年

6月14日	車両	JR九州の800系第1編成が落成し、報道陣に公開された。6両編成。客席は〝2&2〟で、グリーン車はない。編成記号は「U」。
9月16日	車両	JR東海の100系G編成が、この日限りで引退した。ラストランは、東京駅始発新大阪駅行き「ひかり309号」。
10月1日	駅	東海道新幹線の品川駅が開業した。
1日	ダイヤ改正	東海道新幹線が「のぞみ」主体のダイヤに変わった。ピーク時でだいたい10分間隔、通常だいたい20分間隔、最大で1時間に7本の「のぞみ」が東京駅を発車するようになった。東京駅から新大阪駅まで2時間30分で走る「のぞみ」は、朝一番の1号、夜の77号、最終159号だけとなった。「ひかり」は1時間に2本、「こだま」3本。
1日	列車	「のぞみ」の一部が、姫路駅、福山駅、徳山駅、新山口駅にも停車するようになった。
1日	列車	「のぞみ」の1~3号車が自由席になった。
1日	駅	小郡駅を新山口駅に改称。
28日	車両	E1系の車体カラーと車内をリニューアルする工事が10月から始まり、その第1弾、「M4」編成が上越新幹線にお目見えした。

平成十六年　2004年

1月22日	車両	JR西日本の100系G編成が、この日限りで引退した。ラストランは、博多駅~岡山駅間1往復の「こだま」。
3月12日	車両	200系H編成と200系F編成がこの日限りで定期運用からはずれた。これにより、緑色の帯の200系で運転される定期列車はなくなった。
12日	車両	E2系J編成による「とき」「たにがわ」は、この日限りでなくなった。

13日	駅	本庄早稲田駅が開業した。
13日	新規開業	九州新幹線の新八代駅〜鹿児島中央駅間が開業。途中に新水俣駅、出水駅、川内駅が開業した。
13日	列車 車両	「つばめ」が運転を始めた。使用車両は800系6両編成。グリーン車はない。博多駅などと新八代駅の間に特急「リレーつばめ」の運転が始まった。「リレーつばめ」と「つばめ」が新八代駅でホームをはさんで接続。博多駅〜鹿児島中央駅間は最速乗継ぎで2時間10分。
13日	駅	西鹿児島駅を鹿児島中央駅に改称。
10月23日	その他	新潟県中越地震で越後湯沢駅〜新潟駅間が不通になる。「とき325号」が脱線。全面的な復旧は同年12月28日。
平成十七年　2005年		
2月──	車両	JR東海が300系の乗り心地改良工事に着手した。43本に対して、セミアクティブ制振制御装置、改良型左右動ダンパ、非線形空気バネ、改良型ヨーダンパを2年がかりで設置する。
3月12日	車両	JR東海、N700系の量産先行試作車「Z0」編成（N700系9000番台）が落成した。新幹線車両で初めて、車体傾斜装置を装備し、曲線通過速度を高めた。セミアクティブ制振制御装置を全車両に装備。加速性能を大幅に向上。車両間に全周幌を設置。
6月24日	車両	JR東日本〝fastech（ファステック）360S〟E954形高速試験車が報道陣に公開された。8両編成。編成記号は「S9」。最高時速360キロによる営業運転に向けて新たに開発する機器・装置の試験データ収集を目的とする車両。ネコの耳のような形をした「空気抵抗増加装置」が話題を呼ぶ。開発技術はE5系に生かされる。
平成十八年　2006年		
3月18日	その他	ATC-NS（新しいシステムのATC）をJR東海が東海道新幹線へ導入し、本格的な運用を始めた。滑らかなブレーキ制御による乗り心地の向上、所要時間や運転間隔の短縮、地上設備の簡素化などに威力を発揮するものと考えられている。

4月6日	車両	JR東日本〝fastech（ファステック）360Z〟E955形高速試験車が落成した。編成記号は「S10」。最高時速360キロによる営業運転に向けて新たに開発する機器・装置の試験データ収集を目的とする車両。開発技術はE6系に生かされる。
平成十九年　2007年		
1月5日	その他	700系を基にした日本製の700Tによる台湾新幹線が開業した。営業列車の最高時速は300キロ。
4月10日	車両	N700系の量産車「Z1」編成が報道陣に公開された。全車禁煙で、喫煙ルームを設置。モバイル用コンセントをグリーン車の全席と、普通車の車端の席と窓側の席に設置。多目的トイレにオストメイト設備を設置。防犯用監視カメラをデッキほかに設置。
5月27日	車両	フリーゲージトレインの新型車両を、鉄道建設・運輸施設整備支援機構が、報道陣に公開した。
7月1日	車両	N700系が「のぞみ」で営業運転を始めた。JR東海の「Z1」～「Z5」編成とJR西日本の「N1」編成が、この日までに落成した。
	列車	N700系「のぞみ」は、東京駅～博多駅間に3往復、東京駅～新大阪駅間に1往復運転。東京駅～新大阪駅間は2時間25分。東京駅～博多駅間は4時間50分。
平成二十年　2008年		
10月――	車両	JR東海が、東海道新幹線で、700系の起動加速度を向上させるための工事に着手。翌21（2009）年6月までに完了。
11月――	車両	N700系7000番台「S1」編成が試運転を始めた。最高時速は山陽新幹線で300キロ、九州新幹線で260キロ。8両編成で、6号車の半室がグリーン席。高性能セミアクティブ制振制御装置を全車に装備。女性専用トイレとパウダールームを設置。車体色は、陶磁器の青磁を思わせる白藍（しらあい）に、濃藍の帯、金色ライン添え。N700系7000番台はJR西日本とJR九州が共同で開発。後に、JR西日本所属の編成がN700系7000番台S編成、JR九州所属の編成がN700系8000番台R編成となる。

30日	車両	0系R編成（WR編成）が、この日限りで山陽新幹線から引退した。0系の最期。12月に「さよなら運転」を実施。
12月――	車両	400系に替わるE3系2000番台が営業運転を始めた。アクティブサスペンションを編成両端の車両に、セミアクティブサスペンションを中間車に装備。グリーン車の客席は〝2&2〟。
1日	車両	500系を8両編成に改造したV編成が山陽新幹線の「こだま」で営業運転を始めた。パンタグラフはシングルアーム式に取り替え。最高時速285キロ。

平成二十一年　2009年

6月――	車両	E5系の量産先行車が試運転を始めた。編成記号は「S11」。10両編成で、10号車は〝スーパーグリーン車〟（仮称）。新型のフルアクティブ動揺防止制御装置、および車体傾斜装置を全車に装備。10号車に分割併合装置を装備。
8月22日	車両	JR九州の800系1000番台「U007」編成が「つばめ」で営業運転を始めた。軌道検測装置を装備。6両編成。全車にセミアクティブサスペンションを装備。編成両端の車両にセラミック噴射装置を装備。最高時速260キロ。水戸岡鋭治氏（ドーンデザイン研究所）による洗練されたインテリアおよびエクステリアのデザインに世間の注目が集まる。

平成二十二年　2010年

2月28日	車両	500系W編成が「のぞみ」からこの日限りで引退。東海道新幹線と山陽新幹線を直通運転する定期「のぞみ」の車両はすべてN700系になった。
4月18日	車両	〝さよなら400系つばさ18号〟が新庄駅から東京駅まで運転された。400系の最期。
7月――	車両	JR九州のN700系8000番台「R1」編成が落成した。8両編成。
――	車両	E6系の量産先行車「S12」編成が落成した。7両編成。

11月――	車両	E5系の量産車「U2」編成が落成した。10両編成で、10号車は〝グランクラス〟。1号車と10号車の車体側面にハヤブサをイメージしたシンボルマークを掲出。パンタグラフの架線への追随性を向上するために、多分割すり板を採用。フルアクティブサスペンションを全車に装備。台車をカバーで完全に覆い、騒音の発生を抑えている。10号車に分割併合装置を装備。半径4000メートル以上の曲線であれば時速320キロで走行できる車体傾斜装置を装備。
12月4日	新規開業	東北新幹線が八戸駅から新青森駅まで延びて全通した。
4日	駅	途中に七戸十和田駅が開業した。
4日	列車	「はやて」が東京駅～新青森駅間に15往復、仙台駅～新青森駅間と、盛岡駅～新青森駅間に各1往復、運転を始めた。最速列車で東京駅～新青森駅間は3時間20分。
4日	その他	長さ26キロ455メートルの八甲田トンネルが世界で長さ第3位、日本で第2位の鉄道トンネルとなった。七戸十和田駅～新青森駅間に、雪害対策として散水消雪システムを導入。八甲田トンネルの湧水および河川水を利用し、10・6℃～11・8℃に加熱、6メートル間隔に千鳥配置したスプリンクラーで線路にまく。八戸駅～七戸十和田駅間は、八戸駅以南と同様、高架橋上の空間に雪を溜める方式を採用。八戸駅～新青森駅間の軌道中心間隔は4・3メートル、最急勾配20・0パーミル。
平成二十三年　2011年		
3月5日	列車	E5系による「はやぶさ」運転開始。東京駅～新青森駅間に2往復、東京駅～仙台駅間に1往復。最高時速300キロ。
	車両	東京駅～新青森駅間は3時間10分（上り1本を除く）。
11日	その他	東日本大震災で東北新幹線・秋田新幹線・山形新幹線・上越新幹線・長野新幹線・東海道新幹線が不通となる（東海道新幹線は当日夕刻に運転再開）。
11日	車両	JR西日本の100系P編成が、この日限りで引退した。
12日	新規開業	九州新幹線の博多駅～新八代駅間が開業して、九州新幹線の鹿児島ルートが全通。

12日	駅	途中に、新鳥栖駅、久留米駅、筑後船小屋駅、新大牟田駅、新玉名駅、熊本駅が開業した。九州新幹線の駅ホームは、8両編成の列車に対応する長さとなっている。
12日	列車 車両	新大阪駅〜鹿児島中央駅間に「みずほ」、新大阪駅、博多駅〜鹿児島中央駅間などに「さくら」、博多駅〜熊本駅間などに「つばめ」運転開始。N700系7000番台、N700系8000番台が営業運転を始めた。
12日	その他	九州新幹線、博多駅〜新八代駅間の軌道中心間隔は4.3メートル。
12日	その他	上越新幹線と長野新幹線が運転を再開した。
4月9日	その他	秋田新幹線（盛岡駅〜秋田駅間）が運転を再開した（3月31日に再開したが、4月7日の余震で不通になっていた）。
11日	その他	山形新幹線（福島駅〜新庄駅間）が運転を再開した（3月31日に再開したが、4月7日の余震で不通になっていた）。
29日	その他	東北新幹線が全線で運転を再開した。
8月18日	車両	700系C編成の、JR東海からJR西日本への譲渡が始まった。翌24年（2012）3月までに、計8本を譲渡。
9月23日	その他	東北新幹線が所定ダイヤに戻った。E5系「はやぶさ」も時速300キロ運転を再開した。
23日	列車	新青森駅〜鹿児島中央駅間は、2000・8キロ（実キロ）。もっとも早い乗継ぎで10時間21分。
11月19日	車両 列車	E5系が増備され、「やまびこ」東京駅〜仙台駅間1往復、「はやて」東京駅〜新青森駅間2往復、東京駅〜盛岡駅間1往復での運用が始まった。東京駅〜仙台駅間の「やまびこ」1往復（E3系R編成を併結）と、東京駅〜新青森駅間の「はやて」2往復（「こまち」を併結）、および東京駅〜盛岡駅間の「はやて」1往復（E3系R編成を併結）。
平成二十四年 2012年		
3月14日	車両	100系K編成の定期運用が、この日限りで終了。16日に岡山駅から博多駅までさよなら運転が行われた。100系の最期。

16日	車両	３００系Ｊ編成のさよなら運転が東京駅から新大阪駅まで行われた。３００系Ｆ編成のさよなら運転が新大阪駅から博多駅まで行われた。３００系の最期。
17日	車両 列車	Ｅ５系が増備され、「なすの」２往復にもＥ５系が運用されるようになった。
8月――	車両	ＪＲ東海のＮ７００Ａ（Ｎ７００系１０００番台Ｇ編成）が落成した。
9月28日	車両	Ｅ１系が、この日限りで定期運用から外れた。Ｅ１系の最期。
29日	車両	Ｅ４系が東北新幹線（大宮駅以北）から退き、上越新幹線の「Ｍａｘとき」「Ｍａｘたにがわ」でのみ運用されるようになった。
11月――	車両	Ｅ６系の量産車「Ｚ２」編成が落成した。７両編成（11号車〜17号車）で、12号車と16号車の車体側面に、小野小町をイメージしたシンボルマークを掲出。フルアクティブサスペンション、および車体傾斜装置を全車に装備。11号車に分割併合装置を装備。
平成二十五年　２０１３年		
2月8日	車両	ＪＲ東海のＮ７００Ａ（Ｎ７００系１０００番台Ｇ編成）が「のぞみ」「ひかり」「こだま」で営業運転を始めた。最高時速は東海道新幹線で２７０キロ。山陽新幹線で３００キロ。定速走行装置を装備。台車振動検知システムを装備。
3月15日	車両	２００系Ｋ編成が上越新幹線での定期運用をこの日限りで終了。２００系の最期。
3月16日	車両 列車	７両編成のＥ６系による「スーパーこまち」が運転を始めた。東京駅〜盛岡駅間はＥ５系「はやぶさ」と併結。東北新幹線で最高時速３００キロ。Ｅ５系＆Ｅ６系編成は「はやぶさ・スーパーこまち」のほか「こまち・はやて」、「やまびこ」、「なすの」にも運用。

16日	列車 車両	E5系単独運転の「はやぶさ」が最高時速を国内最速の320キロに引き上げた。E5系が大量に増備され、E5系による「はやて」「やまびこ」が増えた。
5月1日	車両	JR東海のN700系Z編成80本にN700A（N700系1000番台G編成）と同様の機能の一部を追加する工事が始まり、その第一編成が出場した。工事が終わった編成はN700系2000番台、編成記号「X」に改称。
10月―	車両	JR西日本のN700系3000番台N編成16本にN700A（N700系4000番台F編成）と同様の機能の一部を追加する工事が始まり、その第一編成が出場した。工事が終わった編成はN700系5000番台、編成記号「K」に改称。
11月28日	車両	JR東日本のE7系が報道陣に公開された。北陸新幹線の営業用第一編成。12両編成で12号車は〝グランクラス〟。最高時速260キロ。交流50ヘルツと60ヘルツに対応できる機能を装備。12号車にフルアクティブサスペンションを、そのほかの車両にセミアクティブサスペンションを装備。編成記号は「F」。

平成二十六年　2014年

2月8日	車両	JR西日本のN700A（N700系4000番台）が営業運転を始めた。編成記号は「F」。
3月15日	車両 列車	JR東日本のE7系が「あさま」7往復で営業運転を始めた。
15日	車両 列車	秋田新幹線（盛岡駅～秋田駅間）からE3系R編成が退き、同区間の全列車がE6系で運転されるようになった。「スーパーこまち」の愛称は消え、全列車の愛称が「こまち」になった。
15日	車両 列車	E5系&E6系「はやぶさ・こまち」の宇都宮駅～盛岡駅間における最高時速が320キロに引き上げられた。
15日	列車	「みずほ」2往復が姫路駅にも停車するようになった。

15日	列車	「さくら」の新鳥栖駅、久留米駅停車が全列車に広がった。
4月7日	車両	帯色を変更したE４系の第一編成、「P５」編成が営業運転を始めた。
26日	車両	車体色を変更した「つばさ」用E３系の第一編成、「L64編成」が営業運転を始めた。
―	車両	フリーゲージトレインの第３次試験車がJR九州の熊本総合車両所に搬入された。九州新幹線長崎ルートを走る車両の〝試作車〟。
7月19日	列車 車両	山形新幹線（福島駅～新庄駅間）で「とれいゆ つばさ」の運転が始まった。車両はE３系「R18」編成の改造車。
19日	列車	５００系V編成１号車を改造した〝プラレールカー〟が、新大阪駅～博多駅間に運転の「こだま」１往復でお目見え。

— MEMO —

S44 (1969)	S45 (1970)	S46 (1971)	S47 (1972)	S48 (1973)	S49 (1974)	S50 (1975)	S51 (1976)	S52 (1977)
●	●	●	—	—	—	—	—	—
●	●	●	—	—	—	—	—	—
●	●	●	—	—	—	—	—	—
●	●	●	—	—	—	—	—	—
●	●	●	—	—	—	—	—	—
●	●	●	—	—	—	—	—	—
—	—	—	●	●	●	●	●	●
—	—	—	●	—	—	—	—	—
—	—	—	—	●	●	●	●	●
—	—	—	—	—	—	—	—	●
—	—	—	—	—	—	—	—	●
—	—	—	—	—	—	—	—	—
—	—	—	—	—	—	—	—	—
—	—	—	—	—	—	—	—	—
—	—	—	—	—	—	—	—	—
—	—	—	—	—	—	—	—	—
—	—	—	—	—	—	—	—	—
—	—	—	—	—	—	—	—	—
—	—	—	—	—	—	—	—	—
—	—	—	—	—	—	—	—	—
—	—	—	—	—	—	—	—	—
—	—	—	—	—	—	—	—	—
—	—	—	—	—	—	—	—	—
—	—	—	—	—	—	—	—	—
—	—	—	—	—	—	—	—	—
—	—	—	—	—	—	—	—	—
—	—	—	—	—	—	—	—	—
—	—	—	—	—	—	—	—	—
—	—	—	—	—	—	—	—	—
—	—	—	—	—	—	—	—	—

▶P253へ続く

東京駅①

東京駅で見られた東海道新幹線の営業用車両① 昭和39年〜昭和52年

系列	番台	編成	両数	S39 (1964)	S40 (1965)	S41 (1966)	S42 (1967)	S43 (1968)
0		N	12*	●	●	●	●	●
		R	12*	●	●	●	●	●
		K	12*	●	●	●	●	●
		S	12*	●	●	●	●	●
		H	12*	●	●	●	●	●
		T	12*	—	—	—	—	●
		H	16	—	—	—	—	—
		S	12	—	—	—	—	—
		K	16	—	—	—	—	—
	1000	N	16	—	—	—	—	—
		NH	16	—	—	—	—	—
		S	12	—	—	—	—	—
		Sk	12	—	—	—	—	—
		Y	16	—	—	—	—	—
		Yk	16	—	—	—	—	—
100		X	16	—	—	—	—	—
		G	12◆	—	—	—	—	—
		G	16	—	—	—	—	—
	3000	V	16	—	—	—	—	—
300		J	16	—	—	—	—	—
	3000	F	16	—	—	—	—	—
500		W	16	—	—	—	—	—
700		C	16	—	—	—	—	—
	3000	B	16	—	—	—	—	—
N700		Z	16	—	—	—	—	—
	3000	N	16	—	—	—	—	—
	1000	G	16	—	—	—	—	—
	4000	F	16	—	—	—	—	—
	2000	X	16	—	—	—	—	—
	5000	K	16	—	—	—	—	—

※昭和 39 年 (1964) は 10 月 1 日現在、昭和 40 年 (1965) 以降は 4 月 1 日現在。

＊ *印の編成のうち「ひかり」用は、昭和 45 年 (1975) から 16 両編成。
＊ ◆印は昭和 61 年 (1986) 6 月〜同年 10 月。

（6/20）東北・上越新幹線　東京駅乗り入れ →

S58 (1983)	S59 (1984)	S60 (1985)	S61 (1986)	S62 (1987)	S63 (1988)	1989 (H1)	1990 (H2)	1991 (H3)
—	—	—	—	—	—	—	—	—
—	—	—	—	—	—	—	—	—
—	—	—	—	—	—	—	—	—
—	—	—	—	—	—	—	—	—
—	—	—	—	—	—	—	—	—
—	—	—	—	—	—	—	—	—
●	●	●	●	●	●	●	●	●
—	—	—	—	—	—	—	—	—
●	●	—	—	—	—	—	—	—
●	●	●	●	●	●	●	●	●
●	●	●	●	●	●	●	●	●
—	—	●	●	●	●	●	—	—
—	—	●	●	●	●	●	—	—
—	—	—	—	—	—	—	●	●
—	—	—	—	—	—	—	●	●
—	—	—	●	●	●	●	●	●
—	—	—	●◆	—	—	—	—	—
—	—	—	—	—	●	●	●	●
—	—	—	—	—	—	●	●	●
—	—	—	—	—	—	—	—	—
—	—	—	—	—	—	—	—	—
—	—	—	—	—	—	—	—	—
—	—	—	—	—	—	—	—	—
—	—	—	—	—	—	—	—	—
—	—	—	—	—	—	—	—	—
—	—	—	—	—	—	—	—	—
—	—	—	—	—	—	—	—	—
—	—	—	—	—	—	—	—	—
—	—	—	—	—	—	—	—	—
—	—	—	—	—	—	—	—	—

▶P255へ続く

東京駅②

東京駅で見られた東海道新幹線の営業用車両② 昭和53年～1991年

系列	番台	編成	両数	S 53 (1978)	S 54 (1979)	S55 (1980)	S56 (1981)	S57 (1982)
0		N	12*	—	—	—	—	—
		R	12*	—	—	—	—	—
		K	12*	—	—	—	—	—
		S	12*	—	—	—	—	—
		H	12*	—	—	—	—	—
		T	12*	—	—	—	—	—
		H	16	●	●	●	●	●
		S	12	—	—	—	—	—
		K	16	●	●	●	●	●
	1000	N	16	●	●	●	●	●
		NH	16	●	●	●	●	●
		S	12	—	—	—	—	—
		Sk	12	—	—	—	—	—
		Y	16	—	—	—	—	—
		Yk	16	—	—	—	—	—
100		X	16	—	—	—	—	—
		G	12◆	—	—	—	—	—
		G	16	—	—	—	—	—
	3000	V	16	—	—	—	—	—
300		J	16	—	—	—	—	—
	3000	F	16	—	—	—	—	—
500		W	16	—	—	—	—	—
700		C	16	—	—	—	—	—
	3000	B	16	—	—	—	—	—
N700		Z	16	—	—	—	—	—
	3000	N	16	—	—	—	—	—
	1000	G	16	—	—	—	—	—
	4000	F	16	—	—	—	—	—
	2000	X	16	—	—	—	—	—
	5000	K	16	—	—	—	—	—

※各年とも4月1日現在。

＊ *印の編成のうち「ひかり」用は、昭和45年（1975）から16両編成。
＊ ◆印は昭和61年（1986）6月～同年10月。

1997 (H9)	1998 (H10)	1999 (H11)	2000 (H12)	2001 (H13)	2002 (H14)	2003 (H15)	2004 (H16)	2005 (H17)
—	—	—	—	—	—	—	—	—
—	—	—	—	—	—	—	—	—
—	—	—	—	—	—	—	—	—
—	—	—	—	—	—	—	—	—
—	—	—	—	—	—	—	—	—
—	—	—	—	—	—	—	—	—
—	—	—	—	—	—	—	—	—
—	—	—	—	—	—	—	—	—
—	—	—	—	—	—	—	—	—
—	—	—	—	—	—	—	—	—
●	—	—	—	—	—	—	—	—
—	—	—	—	—	—	—	—	—
—	—	—	—	—	—	—	—	—
—	—	—	—	—	—	—	—	—
●	●	●	—	—	—	—	—	—
●	●	●	—	—	—	—	—	—
—	—	—	—	—	—	—	—	—
●	●	●	●	●	●	●	—	—
●	●	●	●	●	●	—	—	—
●	●	●	●	●	●	●	●	●
●	●	●	●	●	●	●	●	●
—	●	●	●	●	●	●	●	●
—	—	●	●	●	●	●	●	●
—	—	—	—	—	●	●	●	●
—	—	—	—	—	—	—	—	—
—	—	—	—	—	—	—	—	—
—	—	—	—	—	—	—	—	—
—	—	—	—	—	—	—	—	—
—	—	—	—	—	—	—	—	—
—	—	—	—	—	—	—	—	—

▶P257へ続く

東京駅③

東京駅で見られた東海道新幹線の営業用車両③　1992～2005年

系列	番台	編成	両数	1992 (H4)	1993 (H5)	1994 (H6)	1995 (H7)	1996 (H8)
0		N	12*	—	—	—	—	—
		R	12*	—	—	—	—	—
		K	12*	—	—	—	—	—
		S	12*	—	—	—	—	—
		H	12*	—	—	—	—	—
		T	12*	—	—	—	—	—
		H	16	●	●	●	—	—
		S	12	—	—	—	—	—
		K	16	—	—	—	—	—
	1000	N	16	●	●	●	—	—
		NH	16	●	●	●	●	●
		S	12	—	—	—	—	—
		Sk	12	—	—	—	—	—
		Y	16	●	●	●	●	●
		Yk	16	●	●	●	●	●
100		X	16	●	●	●	●	●
		G	12◆	—	—	—	—	—
		G	16	●	●	●	●	●
	3000	V	16	●	●	●	●	●
300		J	16	●	●	●	●	●
	3000	F	16	—	●	●	●	●
500		W	16	—	—	—	—	—
700		C	16	—	—	—	—	—
	3000	B	16	—	—	—	—	—
N700		Z	16	—	—	—	—	—
	3000	N	16	—	—	—	—	—
	1000	G	16	—	—	—	—	—
	4000	F	16	—	—	—	—	—
	2000	X	16	—	—	—	—	—
	5000	K	16	—	—	—	—	—

※各年とも4月1日現在。

＊ *印の編成のうち「ひかり」用は、昭和45年（1975）から16両編成。
＊ ◆印は昭和61年（1986）6月～同年10月。

2011 (H23)	2012 (H24)	2013 (H25)	2014 (H25)
—	—	—	—
—	—	—	—
—	—	—	—
—	—	—	—
—	—	—	—
—	—	—	—
—	—	—	—
—	—	—	—
—	—	—	—
—	—	—	—
—	—	—	—
—	—	—	—
—	—	—	—
—	—	—	—
—	—	—	—
—	—	—	—
—	—	—	—
—	—	—	—
—	—	—	—
●	—	—	—
●	—	—	—
—	—	—	—
●	●	●	●
●	●	●	●
●	●	●	●
●	●	●	●
—	—	●	●
—	—	—	●
—	—	—	●
—	—	—	●

東京駅④

東京駅で見られた東海道新幹線の営業用車両④　2006～2014年

系列	番台	編成	両数	2006 (H18)	2007 (H19)	2008 (H20)	2009 (H21)	2010 (H22)
0		N	12*	—	—	—	—	—
		R	12*	—	—	—	—	—
		K	12*	—	—	—	—	—
		S	12*	—	—	—	—	—
		H	12*	—	—	—	—	—
		T	12*	—	—	—	—	—
		H	16	—	—	—	—	—
		S	12	—	—	—	—	—
		K	16	—	—	—	—	—
	1000	N	16	—	—	—	—	
		NH	16	—	—	—	—	—
		S	12	—	—	—	—	—
		Sk	12	—	—	—	—	—
		Y	16	—	—	—	—	—
		Yk	16	—	—	—	—	—
100		X	16	—	—	—	—	—
		G	12◆	—	—	—	—	—
		G	16	—	—	—	—	—
	3000	V	16	—	—	—	—	—
300		J	16	●	●	●	●	●
	3000	F	16	●	●	●	●	●
500		W	16	●	●	●	●	—
700		C	16	●	●	●	●	●
	3000	B	16	●	●	●	●	●
N700		Z	16	—	—	●	●	●
	3000	N	16	—	—	●	●	●
	1000	G	16	—	—	—	—	—
	4000	F	16	—	—	—	—	—
	2000	X	16	—	—	—	—	—
	5000	K	16	—	—	—	—	—

※各年とも4月1日現在。

＊ *印の編成のうち「ひかり」用は、昭和45年（1975）から16両編成。
＊ ◆印は昭和61年（1986）6月～同年10月。

S55 (1980)	S56 (1981)	S57 (1982)	S58 (1983)	S59 (1984)	S60 (1985)	S61 (1986)	S62 (1987)	S63 (1988)
●	●	●	●	●	●	●	●	●
●	●	●	●	●	—	—	—	—
●	●	●	●	●	●	●	●	●
●	●	●	●	●	●	●	●	●
—	—	—	—	—	●	●	—	—
—	—	—	—	—	●	●	●	●
—	—	—	—	—	—	●	—	—
—	—	—	—	—	—	—	●	●
—	—	—	—	—	—	—	—	●
—	—	—	—	—	—	—	—	—
—	—	—	—	—	—	—	—	—
—	—	—	—	—	—	—	—	—
—	—	—	—	—	—	—	—	—
—	—	—	—	—	—	●	●	●
—	—	—	—	—	—	—	—	●
—	—	—	—	—	—	—	—	—
—	—	—	—	—	—	—	—	—
—	—	—	—	—	—	—	—	—
—	—	—	—	—	—	—	—	—
—	—	—	—	—	—	—	—	—
—	—	—	—	—	—	—	—	—
—	—	—	—	—	—	—	—	—
—	—	—	—	—	—	—	—	—
—	—	—	—	—	—	—	—	—
—	—	—	—	—	—	—	—	—
—	—	—	—	—	—	—	—	—
—	—	—	—	—	—	—	—	—
—	—	—	—	—	—	—	—	—
—	—	—	—	—	—	—	—	—
—	—	—	—	—	—	—	—	—
—	—	—	—	—	—	—	—	—
—	—	—	—	—	—	—	—	—
—	—	—	—	—	—	—	—	—
—	—	—	—	—	—	—	—	—
—	—	—	—	—	—	—	—	—
—	—	—	—	—	—	—	—	—
—	—	—	—	—	—	—	—	—
—	—	—	—	—	—	—	—	—

▶P261へ続く

博多駅①

博多駅で見られた営業用車両① 昭和50年～昭和63年

系列	番台	編成	両数	S50 (1975)	S51 (1976)	S52 (1977)	S53 (1978)	S54 (1979)
0		H	16	●	●	●	●	●
0		K	16	●	●	●	●	●
0	1000	N	16	—	—	●	●	●
0		NH	16	—	—	●	●	●
0		S	12	—	—	—	—	—
0		Sk	12	—	—	—	—	—
0		R0	6	—	—	—	—	—
0		R	6	—	—	—	—	—
0		R*1	6	—	—	—	—	—
0		R51 *2	4	—	—	—	—	—
0		Q	4	—	—	—	—	—
0		R*3	6	—	—	—	—	—
0		R*4	6	—	—	—	—	—
100		X	16	—	—	—	—	—
100		G	16	—	—	—	—	—
100	3000	V	16	—	—	—	—	—
100		P	4	—	—	—	—	—
100		K	6	—	—	—	—	—
100		P*5	4	—	—	—	—	—
100		K*6	6	—	—	—	—	—
300		J	16	—	—	—	—	—
300	3000	F	16	—	—	—	—	—
500		W	16	—	—	—	—	—
500	7000	V	8	—	—	—	—	—
700		C	16	—	—	—	—	—
700	7000	E	8	—	—	—	—	—
700	3000	B	16	—	—	—	—	—
800		U	6	—	—	—	—	—
800	1000	U	6	—	—	—	—	—
800	2000	U	6	—	—	—	—	—
N 700		Z	16	—	—	—	—	—
N 700	3000	N	16	—	—	—	—	—
N 700	1000	G	16	—	—	—	—	—
N 700	4000	F	16	—	—	—	—	—
N 700	2000	X	16	—	—	—	—	—
N 700	5000	K	16	—	—	—	—	—
N 700	7000	S	8	—	—	—	—	—
N 700	8000	R	8	—	—	—	—	—

※各年とも4月1日現在

*1 R 51 編成　　*2 4両編成
*3 R 61 編成～　　*4 *5 *6 車体色変更編成

1994 (H6)	1995 (H7)	1996 (H8)	1997 (H9)	1998 (H10)	1999 (H11)	2000 (H12)	2001 (H13)	2002 (H14)
●	●	●	●	●	—	—	—	—
—	—	—	—	—	—	—	—	—
—	—	—	—	—	—	—	—	—
●	●	●	●	●	●	—	—	—
—	—	—	—	—	—	—	—	—
●	●	●	●	●	●	●	—	—
—	—	—	—	—	—	—	—	—
●	●	●	●	●	●	●	●	●
●	—	—	—	—	—	—	—	—
—	—	—	●	—	—	—	—	—
—	—	—	—	●	●	●	●	—
—	—	—	—	—	—	—	—	●
—	—	—	—	—	—	—	—	—
●	●	●	●	●	●	—	—	—
●	●	●	●	●	●	●	●	●
●	●	●	●	●	●	●	●	●
—	—	—	—	—	—	—	●	●
—	—	—	—	—	—	—	—	●
—	—	—	—	—	—	—	—	—
—	—	—	—	—	—	—	—	●
●	●	●	●	●	●	●	●	●
●	●	●	●	●	●	●	●	●
—	—	—	●	●	●	●	●	●
—	—	—	—	—	—	—	—	—
—	—	—	—	—	●	●	●	●
—	—	—	—	—	—	●	●	●
—	—	—	—	—	—	—	—	●
—	—	—	—	—	—	—	—	—
—	—	—	—	—	—	—	—	—
—	—	—	—	—	—	—	—	—
—	—	—	—	—	—	—	—	—
—	—	—	—	—	—	—	—	—
—	—	—	—	—	—	—	—	—
—	—	—	—	—	—	—	—	—
—	—	—	—	—	—	—	—	—
—	—	—	—	—	—	—	—	—
—	—	—	—	—	—	—	—	—
—	—	—	—	—	—	—	—	—

▶P263へ続く

博多駅②

博多駅で見られた営業用車両② 1989～2002年

系列	番台	編成	両数	1989 (H1)	1990 (H2)	1991 (H3)	1992 (H4)	1993 (H5)
0		H	16	●	●	●	●	●
0		K	16	—	—	—	—	—
0	1000	N	16	●	●	●	—	—
0		NH	16	●	●	●	●	●
0		S	12	—	—	—	—	—
0		Sk	12	●	●	●	●	●
0		R0	6	—	—	—	—	—
0		R	6	●	●	●	●	●
0	7000	R*1	6	●	●	●	●	●
0		R51 *2	4	—	—	—	—	—
0		Q	4		—	—	—	—
0		R*3	6	—	—	—	—	—
0		R*4	6	—	—	—	—	—
100		X	16	●	●	●	●	●
100		G	16	●	●	●	●	●
100	3000	V	16	●	●	●	●	●
100		P	4	—	—	—	—	—
100		K	6	—	—	—	—	—
100		P*5	4	—	—	—	—	—
100		K*6	6	—	—	—	—	—
300		J	16	—	—	—	●	●
300	3000	F	16	—	—	—	—	●
500		W	16	—	—	—	—	—
500	7000	V	8	—	—	—	—	—
700		C	16	—	—	—	—	—
700	7000	E	8	—	—	—	—	—
700	3000	B	16	—	—	—	—	—
800		U	6	—	—	—	—	—
800	1000	U	6	—	—	—	—	—
800	2000	U	6	—	—	—	—	—
N 700		Z	16	—	—	—	—	—
N 700	3000	N	16	—	—	—	—	—
N 700	1000	G	16	—	—	—	—	—
N 700	4000	F	16	—	—	—	—	—
N 700	2000	X	16	—	—	—	—	—
N 700	5000	K	16	—	—	—	—	—
N 700	7000	S	8	—	—	—	—	—
N 700	8000	R	8	—	—	—	—	—

※各年とも4月1日現在

*1　R 51 編成～　　*2　4 両編成
*3　R 61 編成～　　*4　*5　*6　車体色変更編成

2008 (H20)	2009 (H21)	2010 (H22)	2011 (H23)	2012 (H24)	2013 (H25)	2014 (H26)
—	—	—	—	—	—	—
—	—	—	—	—	—	—
—	—	—	—	—	—	—
—	—	—	—	—	—	—
—	—	—	—	—	—	—
—	—	—	—	—	—	—
—	—	—	—	—	—	—
—	—	—	—	—	—	—
—	—	—	—	—	—	—
—	—	—	—	—	—	—
—	—	—	—	—	—	—
—	—	—	—	—	—	—
●	—	—	—	—	—	—
—	—	—	—	—	—	—
—	—	—	—	—	—	—
—	—	—	—	—	—	—
—	—	—	—	—	—	—
—	—	—	—	—	—	—
●	●	●	—	—	—	—
●	●	●	●	—	—	—
●	●	●	●	—	—	—
●	●	●	●	—	—	—
●	●	—	—	—	—	—
—	●	●	●	●	●	●
●	●	●	●	●	●	●
●	●	●	●	●	●	●
●	●	●	●	●	●	●
—	—	—	●	●	●	●
—	—	—	●	●	●	●
—	—	—	●	●	●	●
●	●	●	●	●	●	●
●	●	●	●	●	●	●
—	—	—	—	—	●	●
—	—	—	—	—	—	●
—	—	—	—	—	—	●
—	—	—	—	—	—	●
—	—	—	●	●	●	●
—	—	—	●	●	●	●

博多駅③

博多駅で見られた営業用車両③　2003～2014年

系列	番台	編成	両数	2003 (H15)	2004 (H16)	2005 (H17)	2006 (H18)	2007 (H19)
0		H	16	—	—	—	—	—
0		K	16	—	—	—	—	—
0	1000	N	16	—	—	—	—	—
0		NH	16	—	—	—	—	—
0		S	12	—	—	—	—	—
0		Sk	12	—	—	—	—	—
0		R0	6	—	—	—	—	—
0		R	6	●	●	●	—	—
0		R[*1]	6	—	—	—	—	—
0		R51[*2]	4	—	—	—	—	—
0		Q	4		—	—	—	—
0		R[*3]	6	●	—	—	—	—
0		R[*4]	6	●	●	●	●	●
100		X	16	—	—	—	—	—
100		G	16	●	—	—	—	—
100	3000	V	16	—	—	—	—	—
100		P	4	●	●	—	—	—
100		K	6	●	●	—	—	—
100		P[*5]	4	●	●	●	●	●
100		K[*6]	6	●	●	●	●	●
300		J	16	●	●	●	●	●
300	3000	F	16	●	●	●	●	●
500		W	16	●	●	●	●	●
500	7000	V	8	—	—	—	—	—
700		C	16	●	●	●	●	●
700	7000	F	8	●	●	●	●	●
700	3000	B	16	●	●	●	●	●
800		U	6	—	—	—	—	—
800	1000	U	6	—	—	—	—	—
800	2000	U	6	—	—	—	—	—
N 700		Z	16	—	—	—	—	—
N 700	3000	N	16	—	—	—	—	—
N 700	1000	G	16	—	—	—	—	—
N 700	4000	F	16	—	—	—	—	—
N 700	2000	X	16	—	—	—	—	—
N 700	5000	K	16	—	—	—	—	—
N 700	7000	S	8	—	—	—	—	—
N 700	8000	R	8	—	—	—	—	—

※各年とも４月１日現在

＊1　R 51 編成～　　＊2　4 両編成

＊3　R 61 編成～　　＊4　＊5　＊6　車体色変更編成

S62 (1987)	S63 (1988)	1989 (H1)	1990 (H2)	1991 (H3)	1992 (H4)	1993 (H5)	1994 (H6)	1995 (H7)
●	●	●	●	●	●	●	—	—
●	●	●	●	●	●	●	●	●
●	●	●	●	—	—	—	—	—
●*13	—	—	—	—	—	—	—	—
—	●	●	●	●	●	●	●	●
—	—	—	●	●	●	●	●	●
—	—	—	●*14	—	—	—	—	—
—	—	—	—	●	●	●	●	●
—	—	—	—	—	—	●	●	●
—	—	—	—	—	—	—	—	—
—	—	—	—	—	—	—	—	—
—	—	—	—	—	—	—	—	—
—	—	—	—	—	—	●	●	●
—	—	—	—	—	—	—	—	—
—	—	—	—	—	—	—	—	—
—	—	—	—	—	—	—	—	●
—	—	—	—	—	—	—	—	—
—	—	—	—	—	—	—	—	—
—	—	—	—	—	—	—	—	—
—	—	—	—	—	—	—	—	—
—	—	—	—	—	—	—	—	—
—	—	—	—	—	—	—	—	—
—	—	—	—	—	—	—	—	—
—	—	—	—	—	—	—	—	—
—	—	—	—	—	—	—	—	—
—	—	—	—	—	—	—	—	—
—	—	—	—	—	—	—	—	—
—	—	—	—	—	—	—	—	—
—	—	—	—	—	—	—	—	—
—	—	—	—	—	—	—	—	—
—	—	—	—	—	—	—	—	—
—	—	—	—	—	—	—	—	—
—	—	—	—	—	—	—	—	—
—	—	—	—	—	—	—	—	—
—	—	—	—	—	—	—	—	—
—	—	—	—	—	—	—	—	—
—	—	—	—	—	—	—	—	—
—	—	—	—	—	—	—	—	—

▶P267へ続く

大宮駅①

＊12 昭和57年（1982）6月23日に営業運転開始
＊13 昭和62年（1987）4月18日に営業運転開始
＊14 1990年（平成2）6月に営業運転開始

大宮駅で見られた営業用車両① 昭和57年～1995年

系列	番台	編成	両数	S57 (1982)	S58 (1983)	S59 (1984)	S60 (1985)	S61 (1986)
200		E	12	●[*12]	●	●	●	●
200		F	12	—	—	—	●	●
200		F[*1]	12	—	—	—	—	—
200		G	10	—	—	—	—	—
200		G	8	—	—	—	—	—
200		F[*2]	12	—	—	—	—	—
200		H	13	—	—	—	—	—
200		H	16	—	—	—	—	—
200		K	8	—	—	—	—	—
200		K	10	—	—	—	—	—
200		F80	12		—	—	—	—
200		K[*3]	10	—	—	—	—	—
400		L	6	—	—	—	—	—
400		L	7	—	—	—	—	—
400		L[*4]	7	—	—	—	—	—
E 1		M	12	—	—	—	—	—
E 1		M[*5]	12	—	—	—	—	—
E 2		J	8	—	—	—	—	—
E 2		N	8	—	—	—	—	—
E 2	1000	J51	10	—	—	—	—	—
E 2	1000	J[*6]	10	—	—	—	—	—
E 2		J	10	—	—	—	—	—
E 2		N21	8	—	—	—	—	—
E 3		R	5	—	—	—	—	—
E 3		R	6	—	—	—	—	—
E 3		R[*7]	6	—	—	—	—	—
E 3	1000	L	7	—	—	—		
E 3	2000	L	7	—	—	—	—	—
E 3		L[*8]	7	—	—	—	—	—
E 4		P	8(16)	—	—	—	—	—
E 4		P[*9]	8(16)	—	—	—	—	—
E 4		P[*10]	8	—	—	—	—	—
E 4		P[*11]	8	—	—	—	—	—
E 5		U	10	—	—	—	—	—
E 6		Z	7	—	—	—	—	—
E 7		F	12	—	—	—	—	—
W 7		W	12	—	—	—	—	—
H 5		H	10	—	—	—	—	—

※各年とも4月1日現在。

＊1 先頭車は2000番台または200番台
＊2 F90編成～
＊3 リニューアル編成
＊4 リニューアル編成
＊5 リニューアル編成
＊6 J52編成～
＊7 R17編成～
＊8 車体色変更編成
＊9 P51編成・P52編成
＊10 P81編成・P82編成
＊11 帯色変更編成

2001 (H13)	2002 (H14)	2003 (H15)	2004 (H16)	2005 (H17)	2006 (H18)	2007 (H19)	2008 (H20)	2009 (H21)
—	—	—	—	—	—	—	—	—
●	●	●	—	—	—	—	—	—
—	—	—	—	—	—	—	—	—
—	—	—	—	—	—	—	—	—
—	—	—	—	—	—	—	—	—
●	●	●	—	—	—	—	—	—
—	—	—	—	—	—	—	—	—
●	●	●	—	—	—	—	—	—
—	—	—	—	—	—	—	—	—
●	●	●	●	●	—	—	—	—
●	●	●	—	—	—	—	—	—
●	●	●	●	●	●	●	●	●
—	—	—	—	—	—	—	—	—
●	●	—	—	—	—	—	—	—
●	●	●	●	●	●	●	●	●
●	●	●	—	—	—	—	—	—
—	—	—	●	●	●	●	●	●
●	●	—	—	—	—	—	—	—
●	●	●	●	●	●	●	●	●
—	●	●	●	●	●	●	●	●
—	—	●	●	●	●	●	●	●
—	—	●	●	●	●	●	●	●
—	—	●	●	●	●	●	●	●
—	—	—	—	—	—	—	—	—
●	●	●	●	●	●	●	●	●
—	—	●	●	●	●	●	●	●
●	●	●	●	●	●	●	●	●
—	—	—	—	—	—	—	—	●
—	—	—	—	—	—	—	—	—
●	●	●	●	●	●	●	●	●
—	—	●	●	●	●	●	●	●
—	—	—	●	●	●	●	●	●
—	—	—	—	—	—	—	—	—
—	—	—	—	—	—	—	—	—
—	—	—	—	—	—	—	—	—
—	—	—	—	—	—	—	—	—
—	—	—	—	—	—	—	—	—
—	—	—	—	—	—	—	—	—

▶P268へ続く

大宮駅②

大宮駅で見られた営業用車両②　1996 ～ 2009年

系列	番台	編成	両数	1996 (H8)	1997 (H9)	1998 (H10)	1999 (H11)	2000 (H12)
200		E	12	—	—	—	—	—
200		F	12	●	●	●	●	●
200		F*1	12	—	—	—	—	—
200		G	10	—	—	—	—	—
200		G	8	●	●	●	●	—
200		F*2	12	●	●	●	●	●
200		H	13	—	—	—	—	—
200		H	16	●	●	●	●	●
200		K	8	●	—	—	—	—
200		K	10	—	●	●	●	●
200		F80	12	—	—	●	●	●
200		K*3	10	—	—	—	●	●
400		L	6	—	—	—	—	—
400		L	7	●	●	●	●	●
400		L*4	7	—	—	—	—	●
E 1		M	12	●	●	●	●	●
E 1		M*5	12	—	—	—	—	—
E 2		J	8	—	●	●	●	●
E 2		N	8	—	—	●	●	●
E 2	1000	J51	10	—	—	—	—	—
E 2	1000	J*6	10	—	—	—	—	—
E 2		J	10	—	—	—	—	—
E 2		N21	8	—	—	—	—	—
E 3		R	5	—	●	●	—	—
E 3		R	6	—	—	—	●	●
E 3		R*7	6	—	—	—	—	—
E 3	1000	L	7	—	—	—	—	●
E 3	2000	L	7	—	—	—	—	—
E 3		L*8	7	—	—	—	—	—
E 4		P	8(16)	—	—	●	●	●
E 4		P*9	8(16)	—	—	—	—	—
E 4		P*10	8	—	—	—	—	—
E 4		P*11	8	—	—	—	—	—
E 5		U	10	—	—	—	—	—
E 6		Z	7	—	—	—	—	—
E 7		F	12	—	—	—	—	—
W 7		W	12	—	—	—	—	—
H 5		H	10	—	—	—	—	—

※各年とも4月1日現在。

＊1　先頭車は2000番台または200番台
＊2　F90編成～
＊3　リニューアル編成
＊4　リニューアル編成
＊5　リニューアル編成
＊6　J52編成～
＊7　R17編成～
＊8　車体色変更編成
＊9　P51編成・P52編成
＊10　P81編成・P82編成
＊11　帯色変更編成

大宮駅で見られた営業用車両③　2010～2014年

系列	番台	編成	両数	2010 (H22)	2011 (H23)	2012 (H24)	2013 (H25)	2014 (H26)
200		E	12	—	—	—	—	—
200		F	12	—	—	—	—	—
200		F*1	12	—	—	—	—	—
200		G	10	—	—	—	—	—
200		G	8	—	—	—	—	—
200		F*2	12	—	—	—	—	—
200		H	13	—	—	—	—	—
200		H	16	—	—	—	—	—
200		K	8	—	—	—	—	—
200		K	10	—	—	—	—	—
200		F80	12	—	—	—	—	—
200		K*3	10	●	●	●	—	—
400		L	6	—	—	—	—	—
400		L	7	—	—	—	—	—
400		L*4	7	●	—	—	—	—
E 1		M	12	—	—	—	—	—
E 1		M*5	12	●	●	●	—	—
E 2		J	8	—	—	—	—	—
E 2		N	8	●	●	●	●	●
E 2	1000	J51	10	●	●	●	●	●
E 2	1000	J*6	10	●	●	●	●	●
E 2		J	10	●	●	●	●	●
E 2		N21	8	●	●	●	●	●
E 3		R	5	—	—	—	—	—
E 3		R	6	●	●	●	●	—
E 3		R*7	6	●	●	●	●	●
E 3	1000	L	7	●	●	●	●	●
E 3	2000	L	7	●	●	●	●	●
E 3		L*8	7	—	—	—	—	—
E 4		P	8(16)	●	●	●	●	●
E 4		P*9	8(16)	●	●	●	●	●
E 4		P*10	8	●	●	●	●	●
E 4		P*11	8	—	—	—	—	—
E 5		U	10	—	●	●	●	●
E 6		Z	7	—	—	—	●	●
E 7		F	12	—	—	—	—	●
W 7		W	12	—	—	—	—	—
H 5		H	10	—	—	—	—	—

※各年とも4月1日現在。

大宮駅③

＊1　先頭車は2000番台または200番台　＊2　F90編成～　＊3　リニューアル編成
＊4　リニューアル編成　＊5　リニューアル編成　＊6　J52編成～
＊7　R17編成～　＊8　車体色変更編成　＊9　P51編成・P52編成
＊10 P81編成・P82編成　＊11 帯色変更編成

あとがき

きしゃ旅フォトライターを自称し、ローカル線の旅や「青春18きっぷ」の旅を愛好するあなたが、新幹線にも関心を寄せているのは不思議ですね——とよくいわれます。

自分でも自家撞着だと思うのですが、新幹線はほんとうによく利用しました。

昭和40（1965）年春、夜行急行で出かけて新大阪駅から名古屋駅まで「こだま」に乗ってみたのが最初でした。昭和50年代末には、上り「ひかり」のデッキ床に超満員のため座りこんでいても、走行音と腹時計で「今、静岡駅を通過したな」と見当がつくほどになっていました。

二十年一日だった新幹線が昭和60年代から平成の初めにかけて、国鉄改革とバブル景気の到来で、急にピカピカと輝く存在に変わりました。ここが第二次絶頂期です。

やがて、東京駅へ山形駅へ秋田駅へ長野駅へと延びていき、E2系、500系が鮮烈なデビューを飾った1997年（平成9）が第三次絶頂期でした。

「ひかり」も「のぞみ」も「みずほ」も「はやぶさ」も、最先端技術の粋を集めて、鉄道の理想を体現した夢の超特急です。

たとえば、大井川鉄道の「SLかわね路号」から東海道線の普通電車に乗り継ぐと、その速さに驚かされます。新幹線は、速さでそのはるか上をいくのはもとより、走りぬく距離、ひと列車の定員、運転頻度、車内の設備、安全のための備え——その総合点で、圧倒的に他を大きく引き離すナンバーワンの走者です。

歴代新幹線車両のなかで、好きな電車を五つあげるとしたら？——などと自問自答していると楽しいですね。

東京駅のホームに立って、赤や緑、白や青の電車の行きかいを眺めていると、童心に返ってわくわくし、時間のたつのを忘れます。現実離れした光景が次々に展開して、「こういう時代がきたんだ」の感慨ひとしおです。

一八系列およそ八〇種におよぶ新幹線車両を系統立てて、時間の流れのなかで分類整理し、解説した本書が、読者の皆様のお役に立つことを祈ります。ご購読くださいまして、たいへんありがとうございました。

新幹線車両の開発、発展に寄与された方々、建設や運行、保守に携わってこられた方々――偉大な業績を残された皆様に心より敬意を表します。また、参考にさせていただいた出版物（271ページ）の編集発行に取り組んでおられます方々のいっそうのご発展を祈念いたします。

私の二〇冊目の小著が、新幹線をテーマとする小事典となりましたことは望外の喜びというほかありません。本書の実現に多大なお力添えを賜りました東京堂出版編集部の太田基樹さん、同社の皆様に、この場をお借りして謹んでお礼申し上げます。

なお、新幹線が開業50年と合わせて第四次絶頂期を迎えたことをお祝いするために書いた本なので、負の面の指摘はほどほどにしました。

本書は2014年（平成26）夏の時点を「現在」として記述しました。時間経過にともない記述内容の最先端部分が「未来」ではなく「現在」に、また最新事項の一部が「現在」ではなく「過去」へ変わっていくことをご了承ください。

松尾　定行

2014年（平成26）夏

おもな参考文献

月刊 鉄道ファン	交友社
月刊 鉄道ジャーナル	鉄道ジャーナル社
月刊 鉄道ピクトリアル	電気車研究会
月刊 国鉄監修 交通公社の時刻表	日本交通公社
月刊 ＪＴＢ時刻表	ＪＴＢ ／ ＪＴＢパブリッシング
月刊 ＪＲ時刻表	弘済出版社 ／ 交通新聞社
年刊 ＪＲ電車編成表	ジェイ・アール・アール ／ 交通新聞社
日刊 交通新聞	交通新聞社
新幹線十年史	日本国有鉄道新幹線総局
新幹線ハンドブック	日本国有鉄道新幹線総局
キャンブックス東海道新幹線	ＪＴＢ
キャンブックス東北・上越新幹線	ＪＴＢ

◆松尾定行が企画・構成・編集協力・執筆した新幹線をテーマとする児童書

2013年10月	スーパーワイドブック　新幹線・特急	学研教育出版
2011年12月	ずかん百科　新幹線・特急１０００	学研教育出版
2006年６月	乗り物ワイドＢＯＯＫ　新幹線	学習研究社
2004年４月	パーフェクトキッズ　新幹線	講談社
2004年３月	乗りものパノラマシリーズ　とびだせ新幹線	あかね書房
1997年11月	新・ニューパーフェクト　新幹線	講談社
1995年３月	ニューパーフェクト　あたらしい新幹線	講談社

◆松尾定行が編集協力・執筆した新幹線をテーマとする出版物

2011年7月	全線全車種全駅新幹線パーフェクトガイド	講談社
2004年12月	ぼくは「つばめ」のデザイナー	講談社
1997年４月	旅別冊付録　新幹線徹底利用術	ＪＴＢ
1984年５月	デジタルガイド車窓の旅　東海道・山陽新幹線下	河出書房新社
1982年９月	デジタルガイド車窓の旅　東海道・山陽新幹線上	河出書房新社
1988年８月	新特急シリーズ　新幹線	小学館
1982年９月	特急シリーズ　新幹線	小学館

◆松尾定行が寄稿した新幹線をテーマとするムック・雑誌

2011年３月	GAKKENMOOK　新幹線	学研パブリッシング
1997年７月	鉄道ジャーナル　仙台総合車両所	鉄道ジャーナル社
1975年６月	鉄道ジャーナル　「ひかり」よおまえは強かった	鉄道ジャーナル社

◆松尾定行が企画・構成・編集協力・執筆した鉄道の歴史をテーマとするムック

2000年７月	別冊歴史読本国鉄懐かしのダイヤ改正	新人物往来社
2001年２月	別冊歴史読本ＪＲ20世紀Chronicle	新人物往来社
2001年11月	別冊歴史読本消えた鉄道の記録	新人物往来社
2010年11月	JTBの交通ムック昭和の鉄道＜30年代＞	JTBパブリッシング
2011年１月	JTBの交通ムック昭和の鉄道＜40年代＞	JTBパブリッシング
2011年３月	JTBの交通ムック昭和の鉄道＜50年代＞	JTBパブリッシング
2011年４月	JTBの交通ムック昭和の鉄道＜60年代＞	JTBパブリッシング
2012年10月	鉄道車両ビジュアル大全東京駅	講談社
2012年11月	鉄道車両ビジュアル大全大阪駅	講談社
2012年12月	鉄道車両ビジュアル大全上野駅	講談社
2013年１月	鉄道車両ビジュアル大全札幌駅	講談社
2013年２月	鉄道車両ビジュアル大全博多駅	講談社
2013年３月	鉄道車両ビジュアル大全東京駅Ⅱ	講談社

〔著者略歴〕　松尾定行（まつお・さだゆき）

きしゃ旅フォトライター。昭和24年(1949)諫早市生れ。長崎市、福岡市、下関市で育ち、広島大学教育学部教育学科卒。雑誌編集部に勤務の後、昭和54年(1979)、鉄道、旅をテーマとする出版物の編集・執筆を生業とするフリーランサーとして独立。近著に『消えた駅舎 消える駅舎』『鉄の抜け道を歩く』（どちらも東京堂出版）がある。ほかに『蒸気機関車　誕生』『駅前旅館をいとおしむ』（どちらもクラッセ）、『大手私鉄なつかしの名車両をたずねる旅』（講談社）など多数。

新幹線50年
―― From A to Z ――

2014年9月10日　初版印刷
2014年9月20日　初版発行

ISBN978-4-490-20876-4　C0065

著　者　　松尾定行
発行者　　小林悠一
印刷製本　図書印刷株式会社
発行所　　株式会社東京堂出版
http://www.tokyodoshuppan.com/
〒101-0051　東京都千代田区神田神保町1-17
電話03-3233-3741　振替00130-7-270